中华青少年科学文化博览丛书·科学技术卷

神秘的太空天文探测器

U0333961

吉林出版集团有限责任公司 | 全国百佳图书出版单位

前言

自古以来，人们就对太空充满憧憬，人们幻想着能够飞上天，感受不一样的世界。神话故事里描述的天宫总是美轮美奂，各国的神话故事人物也都是能够自由自在飞来飞去的。

在古人的观念里，天圆地方，天上有维持众生平衡的神仙。所有的幻想都包含着人们对美好事物的寄托和幻想。于是不断有人尝试飞上太空，最开始，人们发明了风筝，在风力的推动下，风筝能够在天空飞翔，人们从此受到了启发，想象着风筝能够带着人飞翔。在火箭技术得到应用的明朝，就有人试图乘着风筝，在下面固定着火箭，在火箭的推力下飞上天空。如今，随着科学技术的发展，各种各样的太空天文探测器相继被研发出来，从而揭开了太空的神秘面纱。

各式各样的宇宙飞船、航空飞机、太空站相继被发射送入太空，人类可以登上太空，到地球大气层以外的世界进行探索、生存。太空天文探测器功不可没，为人类的起源和发展、寻找地球外的能源及适宜人类生存的其他空间提供了有利条件。但是你知道它的原理吗？你知道太空天文探测器技术发展至今到底经历了怎样的蜕变吗？

如今因为太空天文探测器技术的发展，给人们生活带来了极大的方便。不仅可以了解天文知识，还可以通过太空天文探测器进行气象预报、导航、通讯和进行太空生存实验等。

本书将带你进入神秘的太空天文探测器发展之旅。

本书中不但有详细的文字说明，还有大量的图片帮助读者了解各个部分的内容，在我们阅读文章的时候能够身心愉悦。

要想真正的了解科技、了解太空天文探测器，那你就阅读本书吧！

目录

第1章
幻想造就一切
对太空的向往

第2章
探测器的先驱
人造卫星

目录

第 3 章
各国的探月之路

第 4 章
对地球邻居的探访

一、神话故事里的太空梦

第1章
幻想造就一切
对太空的向往

　　自古以来，人类一直对宇宙进行着孜孜不倦的研究和探索，他们一方面用当时最先进的科学方法测量着天体的运行，制成历法；另一方面却因为无法知道天空的奥秘，而对天空进行着无尽幻想。在古老的神话传说里，便总是有许许多多关于天的描述：在故事里，天上是神居住的地方，有着美轮美奂的宫殿和法力无边的神仙。他们掌管着日升月落，阴晴雨雪和世间一切事物的发展。有许多反映这种思想的神话故事。例如，女娲补天、嫦娥奔月、牛郎织女等，这些故事一直流传了下来，最终成为了人们喜闻乐道的民间传说。

　　但事实上，这些都是人类的幻想，随着时代的进步和科学的发展，人们开始相信事实并不是故事里的那样。但是人类对太空的渴望并没有因此而消减，人类越发的好奇，到底天上是什么样子的？星星上到底有没有生命？月亮上到底有没有美丽的嫦娥和与她相伴的玉兔？这些问题激发着人类的思维，使得我们对太空越发的好奇。

　　据史书上的记载，早在春秋战国时期，鲁班就制作了一种叫做木鸢的竹鸟，能在天上飞三天三夜都不会掉下来……

嫦娥奔月塑像

鲁班像

　　而有记载的最早的"登月计划"是在中国明朝时期，至今为止月球上的一座环形山还是用这位勇者的名字命名——这就是"万户山"。

　　古人虽然不能深切地认识宇宙，破解宇宙的奥秘，但早在公元2世纪的汉朝，著名的天文历数家张衡就已经制造出了"候风地动仪"和"浑天仪"，这些是世界上最早的测天仪器。这些仪器的诞生，方便了人们对天体进行更深一步的认识，也使得人们对星际的运行有了初步了解。在他之后还有很多天文家出现，这些人的理论为人们认识天文历象作出了伟大的贡献。

地动仪

浑天仪

知识卡片 　地心说与日心说

地心说和日心说是古代描述宇宙结构和运动的两种学说。

地心说是古代人民从朴素直观的印象中总结出来的，很多国家在那个科技不发达的年代都主张地心说，例如中国古代的浑天说，古希腊的地心说等。

其中最具代表性的是古希腊哲学家们的说法。公元前4世纪，柏拉图在《蒂迈欧篇》里提出，"天体代表着永恒的、神圣的、不变的存在，它们必然是沿着最完美的圆形轨道绕地球作匀速运动，行星运动也是匀速圆周运动的组合。"在这一观点基础上，柏拉图建立了以地球为中心的同心球式宇宙模型。而他的学生们又继承和发展了他的这一学说。

日心说最早出现在公元前3世纪。古希腊的学者阿利斯塔克认为恒星所在的天球是不动的，地球每日会围绕着绕轴自转一周，在自转的同时，地球在一年中还会绕太阳公转一周。在阿利斯塔克所建立的模型中，地球失去了在人们心中的特殊身份，与其他的行星一样，需要绕着太阳转，而太阳是在中心巍然不动。

与以地球为中心的同心球模型相比，这个模型不仅更加简单，而且还可以解释地心说中所无法解释的行星亮度的变化。但是，由于这一学说在观念上与当时地心说相冲突，它并没有很好地流传下来。

　　直到15世纪，波兰天文学家N.哥白尼才继承和发展了阿利斯塔克的日心说思想，写了《天体运行论》一书。在这本书中，哥白尼提出了一个以太阳为中心的行星系统，为天文学的发展开辟了一条新途径。之后的开普勒和牛顿正是沿着这条新途径前进，建立了行星运动三定律和牛顿力学。

　　但是随着天文学的发展和科技的进步，人们逐渐发现，其实太阳只是整个太阳系的中心，在辽阔的宇宙之中，太阳也不过是一颗普通的恒星，并不是宇宙的中心。

月球环形山

二、最早的飞翔

第1章
幻想造就一切
对太空的向往

升空飞翔一直以来就是人类的梦想，因科学的限制和工具的局限，这一想法一直处在幻想阶段，直到中国的明朝时期才大为改变。当时中国在兵器制造上获得了重大的进步，尤其是"火箭"制作技术的提高。万户将这一幻想付诸行动，揭开了新的篇章。这一举动也使他成为了世界航天史上的第一人。

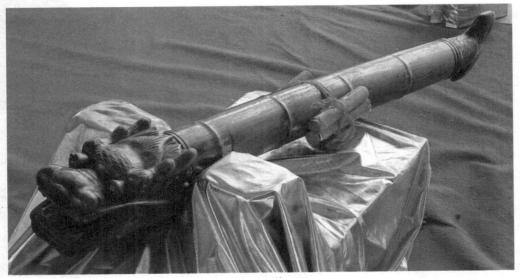

古代火箭

美国火箭学家赫伯特·S·基姆曾在他的著作《火箭和喷气发动机》一书中提到："约当14世纪之末，有一位中国的官吏叫万户，他在一把座椅的背后，装上47枚当时可能买到的最大火箭。他把自己捆绑在椅子的前边，两只手各拿一个大风筝。然后叫他的仆人同时点燃47枚大火箭，目的是想借火箭

古代火箭

向前推动的力量，加上风筝上升的力量飞向前方。"

在说万户飞天故事之前，我们来了解一下明朝的火箭发射技术。

明朝的火箭技术无论是射程还是杀伤力，都处在世界领先的水平。当时使用的火龙出水、神火飞鸦等都独具匠心。不仅改为爆炸型，还在其中加入了铁片/瓷片等来加大这些武器的杀伤效果。不仅如此，这些火箭还添加了推进装置，不仅加强了杀伤力，还提高了射程。在明朝初期的数次战争中大显神威。

经过数代人的研究，明朝的火箭在发射形式上大为丰富，总的来说包括以下三类：

第一类是简单发射，一般可以同时发射1～5枚，例如神机箭、龙架箭等。

第二类是筒式发射，小型的筒式发射器有单飞神火箭、五虎出穴箭等，一般也可以同时发射1～5枚；大型的筒式发射器一般是并列式的，可以同时发射数十枚箭，著名的"平旷步战随地滚"，拥有七个箭筒，火力非常强大。

第三类是箱式发射，这种火箭一般被用在对付大规模的敌人，一次可以发射20～100枚火箭。因为这种火箭火力猛而且储藏方便，所以逐渐成为了主要的火箭发射方式。主要品种有一窝蜂、群鹰逐兔箭、百虎齐奔箭等。

一窝蜂

生活在明朝初年的万户原本是富家子弟。万户和明熹宗一样，从小也酷爱木工，尤其喜欢钻研。但不同的是，他喜欢的是创造和发明。

为了可以施展自己的才能，万户毅然放弃了参加科举考试的机会，选择了参军。在这段时间，万户改造了很多武器，在对蒙古的数次战争中屡立奇功。他因此得到了大将班背的欣赏。万户被调到了兵器局，一门心思钻研武器的研发。当时的大将班背其实也是兵器爱好者，尤其喜欢钻研火箭的改良，也一直梦想着能和"飞鸟"一样一飞冲天。有了大将作为靠山，万户的前途一片光明。但是由于官场上的明争暗

斗，大将班背得罪了当权的右中郎李广太，因此被贬到了拒马河上的深山里。

看到志同道合的朋友受难，万户寝食难安，想尽一切办法疏通关系。正好赶上燕王网罗人才，万户得到了推荐，成为了燕王手下的一名巧匠。但这时，发配在拒马河的大将班背已经死在了蒙古铁骑的弯刀之下。在班背临终前，随从将他的毕生所著——《火箭书》带给了万户。

为了完成好友的遗愿，万户开始了精心的钻研。经过数年的努力，万户设计出了一种射程达到1000米的火箭——"飞龙"，这在当时是前所未有的。这时候，万户觉得是时候实现好友的梦想了。在那个年代，没有任何器材的万户用椅子代替宇宙飞船，在后面绑了47只"飞龙"作为推进器；万户还想到了着陆的问题，就准备了两只巨大的风筝，期望以此达到平稳降落的目的。这样的组合可以算得上是当时世界上最先进的了。

起飞的那天，万户平静的吩咐

万户

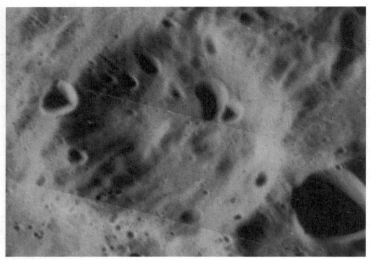

万户山

仆人点火，伴随着一声巨响，火箭成功地将万户和椅子推上了天空。但是很快的，万户连同他的"飞天椅"一起坠落了。

为了纪念这个"第一个试图利用火箭作飞行的人"，月球上的一座环形山被命名为"万户山"，他的名字永远写在了宇宙之中。

一直被作为兵器的古代火箭，曾在中国历史上拥有数百年的辉煌历史。也正是在这个基础上，随着科学技术的发展，人类逐渐实现了几千年来的飞天梦想。

 火箭

火箭是用热气流高速向后喷出，利用产生的反作用力向前运动的喷气推进装置。它自身携带燃烧剂与氧化剂，不依赖空气中的氧助燃，既可在大气中，又可在外层空间飞行。

三、对准太空的"千里眼"

第**1**章
幻想造就一切
对太空的向往

　　由于地球一直被大气层包裹，而那层厚厚的"保护网"过滤了太空中的很多波段，所以千百年来，清晰的观测太空一直是天文学家们的梦想。人们设想如果可以将望远镜放置在大气层以外，甚至是太空之中，便可以排除干扰，获得更精确的天文观测数据。

　　这一梦想在太空望远镜出现之后，成为了现实。从地球上发射的太空望远镜，被巧妙地安放在了大气层之外，人类可以依靠太空望远镜获得太空的第一手数据，逐步揭开宇宙的奥秘。

　　1990年，以美国天文学家埃德温·哈勃的名字命名的望远镜被放上了太空。这是世界上第一个飞行在地球上空的光学望远镜，它在极

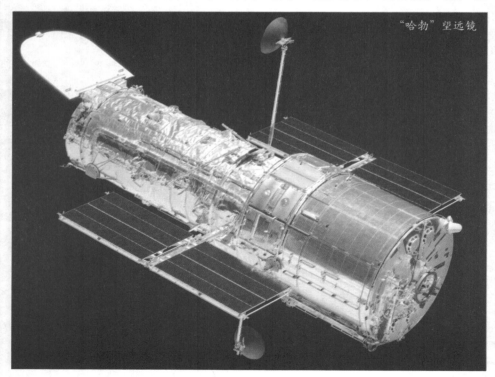

"哈勃"望远镜

"哈勃"望远镜

大程度上避免了大气层的干扰，传回了很多清晰的天文图像。因此，哈勃望远镜被称之为有史以来最精准的天文望远镜，它的清晰度是安放在地面上的天文望远镜的数十倍。

哈勃望远镜的成功，使得天文学家们看到了太空监测的曙光。他凭借着"哈勃"传回地球的第一手资料，天文学家们取得了一系列突破性的成就。也正因为如此，他们将越来越多的天文望远镜送上了

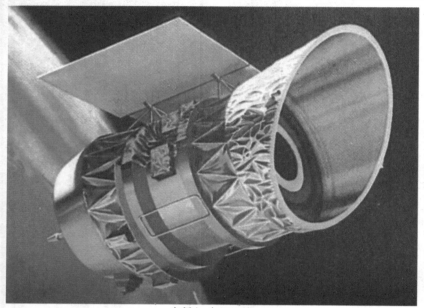

空间红外望远镜

太空，从而获得了更多的天文信息。

除了"哈勃"之外，很多太空望远镜也陆续升上天空，这些望远镜为人类的科学事业做出了巨大的贡献。

在2001年升空的"空间红外望远镜"配有灵敏度极高的红外探测元件，可以在极低的气温下进行观测。

空间干涉望远镜

"空间干涉望远镜"在2005年被送上预定的轨道。这个望远镜利用光学干涉技术，它的分辨率是1990年

升空的"哈勃"的近千倍，可以使天文学家更加清晰地分辨遥远的恒星。美国宇航局计划在2012年发射的"地外行星搜寻者"在规模与性能上要远远比"空间干涉望远镜"高，天文学家们可以利用这个望远镜搜索太阳系附近数十光年的范围，进一步的寻找地外生命的线索。

除此之外，还有"康普顿伽马射线太空望远镜"、"钱德拉X射线太空望远镜"、"斯皮策太空望远镜"等多种天文望远镜在天空中"翱翔"，进行着它们各自的"使命"。

斯皮策太空望远镜

知识卡片　　分辨率

分辨率就是屏幕图像的精密度，指显示器所能显示的像素的多少。屏幕上的点、线和面都是由像素组成的，显示器可显示的像素越多，画面就越精细，同样的屏幕区域内能显示的信息也越多，所以分辨率是个非常重要的性能指标之一。

第 **1** 章
幻想造就一切
对太空的向往

四、"眼睛"的比拼
——各国的天文望远镜

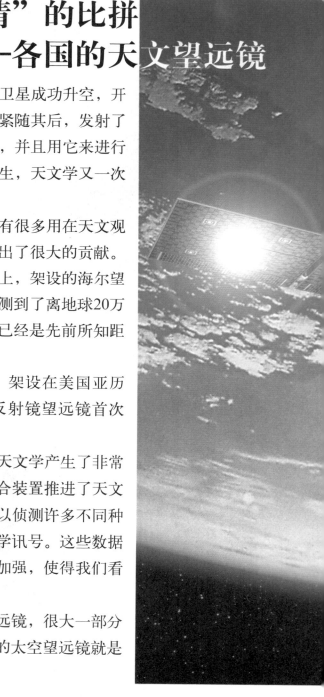

1957年，世界上的第一颗人造卫星成功升空，开启了天文观测的新篇章，世界各国紧随其后，发射了数以百计的人造卫星及宇宙飞行器，并且用它来进行天文观测。伴随着哈勃望远镜的诞生，天文学又一次开启了新的时代。

而在"哈勃"诞生之前，已经有很多用在天文观测的望远镜诞生，对天文的观测作出了很大的贡献。

1947年，在美国加州巴洛马山上，架设的海尔望远镜实现了对宇宙较远的观测，观测到了离地球20万亿千米的仙女座星系。这一距离，已经是先前所知距离的两倍。

1977年，凭借计算机的辅助，架设在美国亚历桑那州霍普金斯山的第一座多面反射镜望远镜首次运行。

电子仪器和计算机的问世，对天文学产生了非常深远的影响。1986年问世的电子藕合装置推进了天文学的进一步发展。这一装置不仅可以侦测许多不同种类的辐射，还感测到非常微弱的光学讯号。这些数据经过计算机处理后，会被整理得到加强，使得我们看到原来被大气层掩盖的天文现象。

现阶段在太空中遨游的太空望远镜，很大一部分都是欧美国家发射的。第一架上天的太空望远镜就是美国所发射的"哈勃"。

世界上最小的太空望远镜

随着科学的进步，很多国家陆续拥有了属于自己的太空望远镜。2001年"神舟"2号搭载的太阳能和宇宙高能辐射监测系统，证明了中国空间天文学踏上了新的旅程。

"神舟"2号轨道舱首次载有轨道天文望远镜，研究来自太阳甚至宇宙深处爆炸所发出的高能辐射。这台轨道望远镜有三组探测器，其中获得成果最丰硕的可以算得上是X射线探测器，每当X射线暴发出的光子撞到探测器上，便会触发探测器收集数据。在运作期间，这台探测器共录得六百多次的撞击，提供的资料为研究小组提供了近百次太阳耀斑的变光曲线和约30次伽马射线爆发，使得研究小组获得了很宝贵的资料。

加拿大首台太空望远镜是由加拿大不列颠哥伦比亚大学研制的，它的直径只有一个盘子那么大，称得上是世界上最小的太空望远镜。这台体积小巧但功能强大的太空望远镜，在2003年从俄罗斯的普列谢茨克航天基地被送上天空。

科研人员希望可以通过这台望远镜准确的对宇宙中星体亮度作出测量，还借它来探测太阳系外行星的大气层，推断每颗恒星的年龄，作为基础进一步推断宇宙的年龄。

由日本第三代太阳观测卫星"阳光B"号搭载的太空望远镜，在2006年的夏天发射升空。

这部日本新开发的太空望远镜是一种反射望

太阳观测卫星升空

远镜，可依靠可视光来观测太阳周围的电离气体形成的日冕。

日本国立天文台的副教授末松芳法在发布会时说："这是日本国立天文台第一次开发太空望远镜。这台望远镜在地面进行的观测太阳试验中效果良好。

韩国的第一部太空望远镜已经成功升空。这台望远镜是韩国同加利福尼亚伯克利大学以及美国国家航空航天局共同研制的，发射升空后预计将在宇宙空间运行两年时间，并绘制世界上首个远红外领域的"全天地图"。

韩国的太空望远镜

"全天地图"的绘制成功，将对揭示银河系内部的高温气体结构、分布，以及物理性质乃至对银河系产生和进化的研究都会起到重要的作用。

人们对宇宙的渴望和好奇，一直都没有减少过，太空中到底有没有生命也一直是人类的未解之谜。而这些问题也许可以通过美国正在研制的新一代太空望远镜来找到答案。

这架正在研制的望远镜名为"詹姆斯·韦伯",是用美国国家航空和航天局（NASA）一名局长的名字命名的。这架望远镜预计会在2013年的时候正式升空并投入使用，用来接替哈勃望远镜。

1994年开始的这项工程已经基本完成，它的造价仅相当是哈勃望远镜的一半，但是功能要比现在的"哈勃"强大得多。

韦伯太空望远镜可以在宇宙中进行观测，它的观测范围比现在所使用的"哈勃"更加广阔，可以非常清晰地观测遥远的星系、太阳系外的行星，甚至是难以捉摸的黑洞。

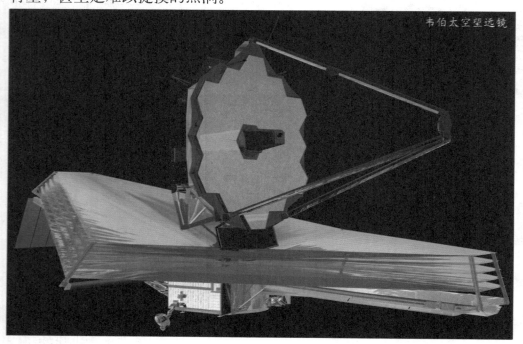

韦伯太空望远镜

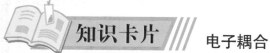 **知识卡片** /// 电子耦合

耦合是指两个或两个以上的电路元件之间的紧密配合与相互影响。耦合这个名词常见在通信工程、软件工程、机械工程等领域。电子耦合是一种感应光线的电路装置，被广泛用在光学仪器中。两个电路或器件的接合或连锁。

第1章
幻想造就一切
对太空的向往

五、飞天的第一人
——尤里·加加林

尤里·加加林

1934年3月9日一个健康的男婴出生在了前苏联斯摩棱斯克区的克鲁什纳村，没人会知道，这个男孩以后会有多么大的成就。他就是到太空旅行的第一人——前苏联宇航员尤里·加加林。

1955年，年仅21岁的加加林加入了苏联空军，并被选派到航空学校进行全面而系统的学习。两年后，加加林就已经成了一名出色的歼击机飞行员。1960年，苏联宇航局开始了宇航员的选拔，当时，宇航员选拔的标准是年龄在35岁以内，身高不超过175厘米，体重在75千克以内的歼击机飞行员，符合规定的加加林参加了宇航员的选拔。经过严格的筛选之后，加加林从3000多名候选人中脱颖而出，与其他5名候选人组成了一个6人航天飞行预备队。加加林等6名预备队队员一起被派往莫斯科宇航员训练中心接受艰苦的训练。在训练中，加加林凭借着坚定的信念、优异的体质、乐观的性格和过人的机智，成为苏联第一名宇航员。

1961年4月12日，莫斯科时间上午9时6分50秒，拜克努尔火箭发射场迎来了一个激动人心的历史性时刻——这一天成为了后来的"航空航天国际纪念日"。尤里·加加林身穿重达90千克的太空服，在这里升入太空，成为世界上第一个成功进入宇宙空间并从宇宙中看到地球全貌的人。

第一个"太空人"

他被称作是人类历史上第一个太空使者。

加加林乘坐的"东方"1号飞船使用108分钟的时间环绕地球飞行了1圈，并且安全返回了地面。在这次飞行中，飞船的最大飞行高度为327千米，最大飞行速度为28 260千米/小时，一共飞行了40 868.6千米。

"东方"1号飞船在飞行结束后安全地降落在了萨拉托夫州斯梅洛夫卡村地区。这次成功的飞行使加加林获得了极大的荣誉。两天后加加林被授予了"苏联英雄"称号。而他所驾驶的"东方"1号飞船也成为了世界上第一个载人进入外层空间的航天器。

但这次飞行也是加加林进入太空的唯一一次旅行。走出"东方"1号飞船的加加林名

"东方"1号飞船

扬四海，不仅成为了苏联的英雄，也成为了世界英雄。他被晋升为少将，家乡格扎茨克也被重新命名，改为加加林市。但加加林不幸在1968年的一次飞行训练中，因为飞机的故障坠机而死亡，年仅34岁。

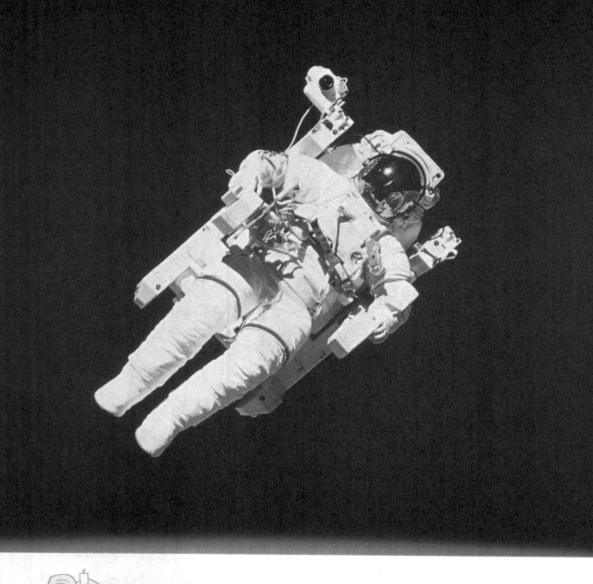

/// **太空服**

太空服也叫航天服，是航天员进入太空必须穿的服装，由压力服、头盔、手套和靴子等组成。它是保障航天员生命安全的最重要的个人救生设备。

航天服按用途分为舱内航天服、舱外航天服两种，分别有软式、硬式 和软硬混合式结构。舱内航天服的结构与功能比较简单，舱外航天服的结构复杂，具有更加全面的防护性能和功能。它们都必须选用特殊的材料，采用特殊工艺，经过特殊的加工、制作和各种试验后才能够完成。

第 **2** 章

探测器的先驱
——人造卫星

一、探秘 ——人造卫星是什么

在宇宙中所有围绕行星轨道上运行的天体被称作卫星，环绕哪颗行星运转，就把它叫做哪颗行星的卫星。月亮环绕着地球旋转，所以月亮被称作是地球的卫星。

"人造卫星"就是指人类制造的，环绕指定行星运转的"卫星"。卫星靠运载火箭发射进入太空，有上百台仪器设备和错综复杂的电缆网，按一定轨道围绕地球旋转。

人造卫星是根据人类的要求制造的一个极其复杂的系统，是现代高科技的重要标志之一。

人造卫星的出现，使得人类可以更加方便的对太空进行探测或科学研究。人造卫星是现在世界上发射数量最多，发展最快，用途最广的航天器材。

1957年10月4日苏联发射了世界上的第一颗人造卫星。在随后的数年中，美国、法国、日本也相继发射了自己的人造卫星。1970年4月24日，我国也发射了第一颗自己制造的人造卫星"东方红"1号。

按照人造卫星发射的目的和用途，一般把人造卫星分成三类：科学卫星、技术试验卫星和应用卫星。

科学卫星一般用在科学研究和探测，主要包括天文卫星和空间物理探测卫星，用来研究高层大气，地球磁层，太阳辐射，宇宙线等，并用于观测其他星体。

技术试验卫星一般是进行新技术试验或为应用卫星进行试验的卫星。

应用卫星是直接为人类服务的卫星，它的种类最多，数量最大，其中包括：通信卫星、气象卫星、侦察卫星、导航卫星、测地卫星、地球资源卫星、截击卫星、军用卫星，等等。

世界上第一颗地球同步通讯卫星的名字叫"辛康-3号"，是在1964年8月19日上天的，它成功地转播了日本东京奥运会。通信卫星使人们足不出户便知天下事。

1972年7月23日第一颗地球资源卫星上天，它经过地球南北两极上空，每天绕地球14圈，轨道每天向西移动160千米，反复地对地球资料扫描摄像，20年来，一颗又一颗地球资源卫星已经发现了美国阿拉斯加的油田，巴基斯坦的铜矿，

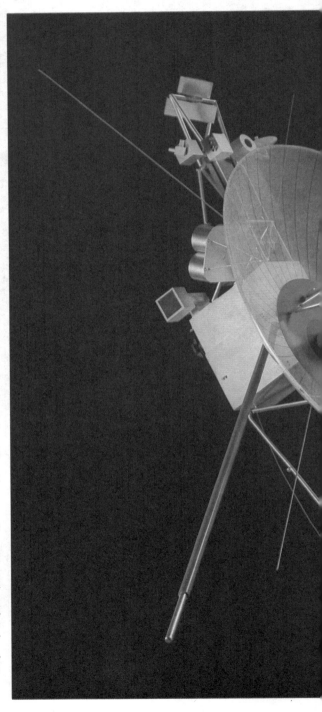

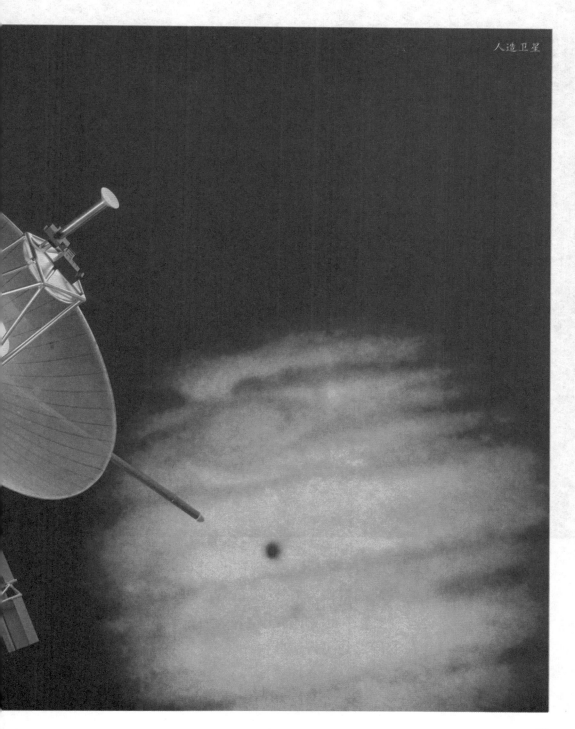

人造卫星

璀璨的宇宙

玻利维亚的锂矿，夏威夷近海的淡水源。现在已有20多个国家建设了地面站，直接接收从卫星发回的资料。人造卫星还有天文卫星、商业卫星、导航卫星等等。这些"星星"布满地球上空，为地球增添了无限光彩。

人造卫星绕地球的特点是飞行速度快，一天可绕地球飞行几圈到十几圈不等；由于人造卫星的飞行高度，使得它可以不受领土、领空以及地理条件限制，视野极为广阔。而且，由于人造卫星数据传输量大，并且

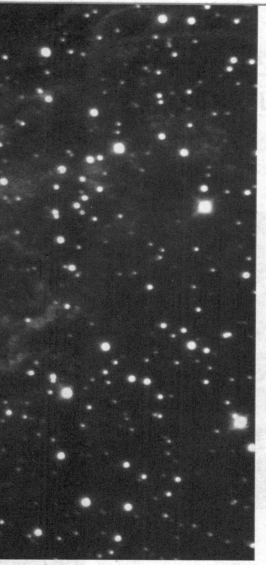

具有迅速与地面进行信息交换、转发等特点，所以应用极为广阔。

人造卫星还可以通过遥感装置，获取地球上大量的遥感信息。一张地球资源卫星图片所遥感的面积可达几万平方千米。在卫星轨道高度达到35 786千米，并沿地球赤道上空与地球自转同一方向飞行时，卫星绕地球旋转周期与地球自转周期完全相同，相对位置保持不变。这颗卫星在地球上看来是静止地挂在高空，称为地球静止轨道卫星，简称静止卫星，这种卫星可实现卫星与地面站之间的不间断的信息交换，并大大简化地面站的设备。目前绝大多数通过卫星的电视转播和转发通信是由静止通信卫星实现的。

 扫描

它是借助电子束、无线电波等，在物体左右移动，并在屏幕上显示出画面或图形的方法。通常在天文探测、医学诊断、文字采集等领域广泛应用。

地球资源卫星图片

二、开创新纪元——第一颗人造卫星升空

1957年10月4日，苏联发射了世界上第一颗人造地球卫星。这是人类历史上一次具有划时代意义的重大事件，这颗卫星的升空宣告了人类已经正式进入空间时代。

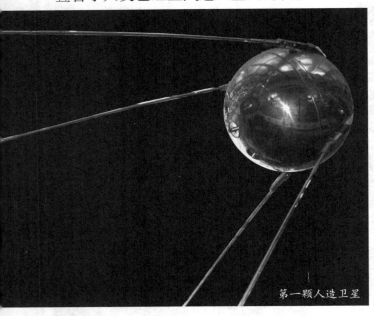

第一颗人造卫星

在当时，苏联政府根本没有意识到那颗人造地球卫星竟然是全人类第一颗人造地球卫星，它的升空会给苏联带来莫大的荣誉，更不会想到的是，这颗卫星的发射成功竟然会成为人类步入太空的第一步。

切尔托克院士曾担任航天泰斗科罗廖夫先生的助手，他的一席话给我们揭示了第一颗人造地球卫星上天之前的秘密：这次是全世界都为之一振的航天发射，主要的目的竟然不是航天探索，而是为了对洲际导弹发射进行试验。

当时，苏联政府和苏共中央一心希望苏联可以成为第一个装备洲际弹道导弹的国家。那时，面临这项主要任务的苏联航天设计师们根本瞧不上试验弹携带的人造卫星，认为它不会有太大的

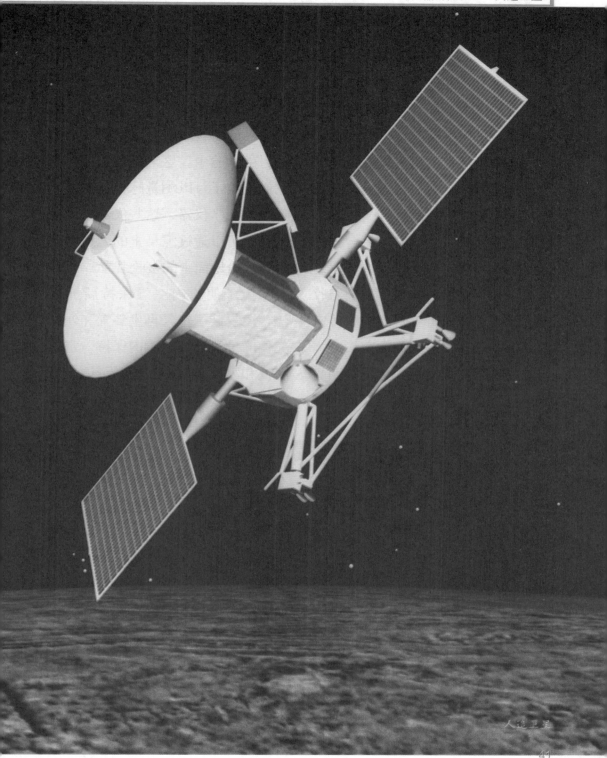

用处。因此，苏联的航天设计师们根本就没有料到这颗卫星发射上天的消息会在全世界引起如此巨大的影响。

这个世界上的第一颗人造地球卫星呈球形。沿着椭圆形的轨道飞行，约96分钟就可以环绕地球一圈。这颗人造地球卫星携带了一台无线电发报机，不停地向地球发出信号。在卫星升空之后，有很多人围着收音机，希望可以听到从太空中传来的声音。还有很多人仰望着天空，想在夜晚用肉眼搜索人造卫星明亮的运行轨迹。这时，科学家们已经开始加紧载人航天飞行的准备。

苏联的第二颗人造卫星

在这颗卫星升空的一个月后，苏联紧接着发射了第二颗人造地球卫星，新卫星的重量是第一颗人造卫星重量的5倍多。新的卫星整体呈锥形，在卫星中增设了一个密封的生物舱。科学家们将一只名为"莱卡依"的小狗放在了这个圆柱形的密封生物舱中。这只狗身上被科学家们连接了可以测量脉搏、血压、呼吸的医学仪器，这些仪器所测量的数据可以通过卫星上的无线电随时传输给地面上的接收装置。

为了使舱内空气保持新鲜清洁，还安装了空气再生装置和处理粪便的排泄装置。舱内保持一定的温度和湿度，使小狗感到舒适。另外还有一套自供食装置，一天三次定时点亮信号灯，通知"莱依卡"用餐。但是，由于当时技术水平的限制，这颗卫星无法收回，试验狗在卫星生物舱内生活了一个星期，完成全部实验任务后，只好让它服毒自杀，成为宇航飞行中的第一个牺牲者。

这颗世界上的第一颗人造卫星在预定轨道上环绕地球运行了92天，在1958年2月4日正式脱轨并且坠毁。

虽然苏联的洲际弹道导弹试验失败了，但是却使得人类的第一颗人造卫星成功地升上了天。正因为如此，苏联成为了世界上第一个把卫星送上太空的国家。

"东方红"1号卫星

知识卡片 　　　"东方红"卫星

　　"东方红"1号卫星是1970年4月24日中国自行研制并成功发射的第一颗人造卫星。这颗卫星的升空宣告着我国航天事业的新发展，揭开了中国航天史的新篇章。同时，也标志着我国成为继苏联、美国、法国、日本之后，世界上第五个用自制火箭发射国产卫星的国家。

　　这颗卫星的任务是进行卫星技术试验，并且探测大气密度和电离层。"东方红"1号卫星用20.009兆赫频率播放《东方红》乐曲。

第2章
**探测器的先驱
人造卫星**

三、都有第一次——
各国送上天的第一颗人造卫星

1957年10月4日，世界上第一颗人造地球卫星"斯普特尼克"1号从拜科努尔发射场升空。虽然这颗卫星只会在太空噼啪作响，但它标志着人类的活动疆域已经从陆地、海洋、大气层扩大到了宇宙空间，人类从此打开天门，放眼宇宙。

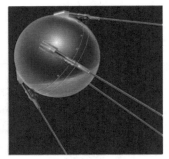
斯普特尼克1号

这颗卫星的球体直径为55厘米，绕地球1周需1小时35分，距地面的最大高度为900千米，用两个频道连续发送信号。由于运行轨道和赤道成65度夹角，因此它每日可两次在莫斯科上空通过。这次发射开辟了星际航行的道路。

由于苏联这颗卫星的成功升空，大大激发了世界各国研制和发射卫星的热情。

"探险者"1号

美国在1958年1月31日成功地发射了第一颗"探险者"1号人造卫星。这颗星重8.22千克，锥顶圆柱形，高203.2厘米，直径15.2厘米，沿近地点360.4千米、远地点2531千米的椭圆轨道绕地球运行，轨道倾角33.34°，运行周期114.8分钟。发射"探险者"1号的运载火箭是"丘辟特"四级运载火箭。

法国在1965年11月26日成功地发射了第一颗"试验卫星"1号人造卫星。这颗星重约42千克，运行周期108.61分钟，沿近地点526.24千米、远地点1808.85千米的椭圆轨道运行，轨道倾角34．24°。发射这颗卫星的运载火箭为"钻石"号三级火箭，其全长18.7米，直径1.4米，起飞重量约18吨。

日本在1970年2月11日成功地发射了第一颗人造卫星"大隅"号。这

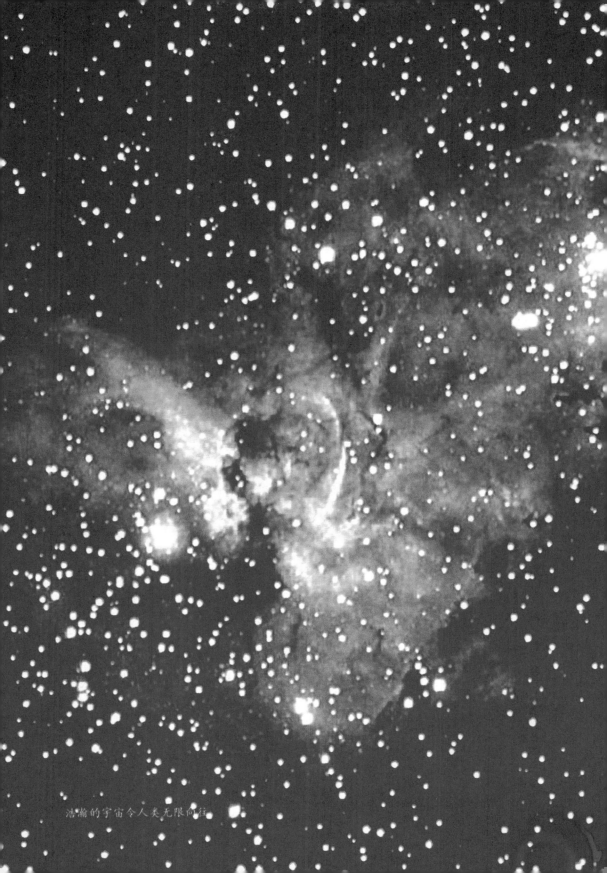

浩瀚的宇宙令人类无限向往

颗卫星的重量大约是9.4千克，轨道倾角31.07°，近地点339千米，远地点5138千米，运行周期144.2分钟。

发射"大隅"号卫星的运载火箭为"兰达"-45四级固体火箭，火箭全长16.5米，直径0.74米，起飞重量9.4吨。第一级由主发动机和两个助推器组成，推力分别为37吨和26吨；第二级推力为11.8吨；第三四级推力分别为6.5吨和1吨。

中国在1970年4月24日成功地发射了第一颗人造卫星"东方红"1号。这颗星直径约1米，重173千克，沿近地点439千米、远地点2384千米的椭圆轨道绕地球运行，轨道倾角68.5°，运行周期114分钟。

发射"东方红"1号卫星的远载火箭为"长征"1号三级运载火箭，火箭全长29.45米，直径2.25米，起飞重量81.6吨，发射推力112吨。

"东方红"1号

英国在1971年10月28日成功地发射了第一颗人造卫星"普罗斯帕罗"号，发射地点在澳大利亚的武默拉火箭发射场，运载火箭为英国的黑箭运载火箭。近地点537千米,远地点1593千米。这颗星重66千克，主要任务是试验各种技术新发明。例如，试验一种新的遥测系统和太阳能电池组。它还携带微流星探测器，用来测量地球上层大气中这种宇宙尘高速粒子的密度。

除此之外，意大利、加拿大、德国、荷兰、澳大利亚、印度、西班牙等国也陆续准备发射或委托别国发射了人造卫星。

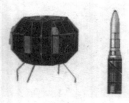

"普罗斯帕罗"号

知识卡片 /// 轨道倾角

倾角是天文领域，描述天体轨道的形状和方向的六个轨道要素之一，表示航天器绕地球运行的轨道平面与地球赤道基本坐标平面的夹角，分为顺行轨道、逆行轨道和极轨道。当倾角为0°时，卫星在赤道上空运行的路径，称为"赤道轨道"；当倾角为约90°时，卫星飞经南北极上空的路径，称为"极地轨道"，除此以外均称为"倾斜轨道"。

第2章
探测器的先驱
人造卫星

四、第一颗牵手月球的探测器

从天文学角度考虑，地球日益严重的污染，影响天文观测。月球背面提供了最佳天文观测位置，因为那里总是背离地球，可以完全隔开上述干扰。在月球上还可以进行月球和行星科学、天文学、物理学、化学、生命科学等种种科学研究。

研究月球也是唯一的揭开早期地球史奥秘的关键，这方面的知识不仅有科学意义，而且有实际的重要性。例如，在研究矿物构造过程中，高度真空和微重力因素使得有可能在物理学、化学、生物学和其他科学进行唯一性实验。

因此，月球对人类的未来有重大意义。当然，要在月球创建居住地和基地，还有许多问题和困难需要解决，并且要大量投资。但开创空间时代30余年的成功使人们确信，月球注定会成为人类活动的地方，随着空间技术的改进以及在空间

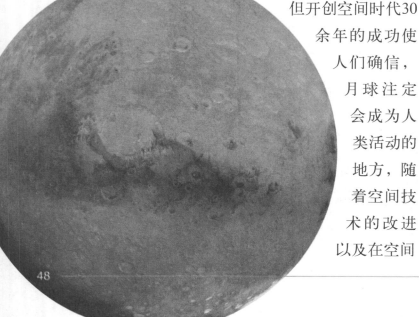

制造硬件便宜，投资也不会太大；如果进行国际合作，每个国家分担的费用更不会高。科学家预言，在一二百年左右，月球基地必将成为人类生存和发展的新疆域。

苏联在第一颗人造地球卫星上天之后不到两年的时间内，就已经开始了探测月球的活动。"月球"1号探测器成为人类派往月球的第一位使者。

"月球"1号探测器是一个球形体，直径约1米，质量约1474千克。它在1959年1月2日发射升空，两天后在距月面5029～7041千米处掠过月球。探测器上的设备测量了月球的磁场、宇宙射线的强度及其变化，研究了太阳微粒辐射、星际气体成分和流星粒子，制造了人造彗星并拍摄了照片。"月球"1号探测器上的无线电设备工作60小时后停止向地面发送信息。经过9个月的飞行，"月球"1号在9月26日进入日心轨道，成为第一颗人造行星。

从1959年1月到1976年，苏联一共发射了24

"月球"1号

个月球号探测器。它们的任务是经过逼近月球、绕月飞行、硬着陆、软着陆、取回月球

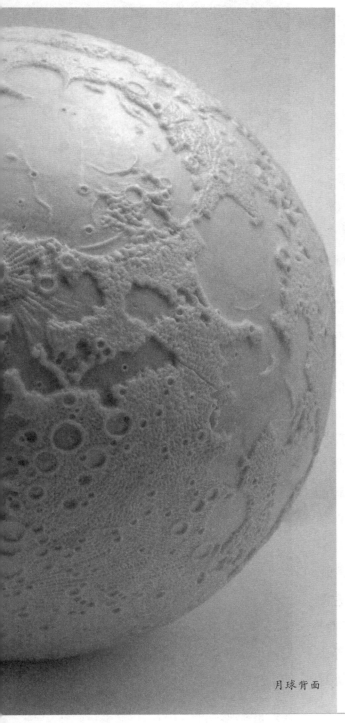

月球背面

样品等方式或过程，对月球进行拍照、测量、采样，用月球车实地考察，揭示月球的真实面貌。

1959年9月13日发射的"月球"2号，在15日撞到月球。同年10月4日发射的"月球"3号，从绕月飞行的轨道上拍回第一张月球背面的照片。1966年1月31日发射的"月球"9号，在2月3日到达月球风暴洋区域，成为世界上第一个在月面软着陆的人造物体。月球24号探测器在1976年8月9日发射，8月18日在月面危海软着陆，钻采并带回地面170克月岩样品。

1959年新年刚过，1月2日在苏联一个秘密的航天发射场，一枚由战略导弹改装的运载火箭，托举着苏联人的梦想和希望，呼啸着直上九霄，把一个月球探测器送入太空，随着火箭抛掉第一级、第二级，人类制造的这个物体首次接近了第二宇宙速度，直奔月球而去。第二天，苏联宣布成功发射的人类首枚月球探测器已经从月球近旁飞过，这一消息震惊了西方，轰动了世界。

"月球号"火箭

这颗361千克的探测器由发射升空，它没有经过停泊轨道，而是直接飞向月球，奔月速度达到11.17千米/秒。当距离地球113 000千米时，它释放出金黄色钠气云以使地面人员能跟踪观察。第二天，"月球"1号没有按原计划撞击月球，而是在距月球5995千米处与月球擦肩而过，随后这个探测器进入日心轨道，成为第一颗人造行星。"月球"1号携带了磁强计、离子腔和微流星体探测装置，飞行途中，它测量了月球和地球的磁场、宇宙射线的强度，还测量到太阳发射的等离子流——"太阳风"，并且发现月

太阳风造成的美丽极光

球的磁场几乎为零。尽管这次飞行没有能够实现预定的目标，但它进入了人类以前从没有到达的太空领域，完成了"投石问路"的壮举。为此，苏联给它取了一个充满希望的名字——"梦想号"。

目前，瑞士伯尔尼大学研制成功的"Rosetta"号刷新了距离太阳最近的探测器的纪录。在这一新的吉尼斯纪录中，探测器距离太阳仅仅只有408万千米，成功打破了由"Stardust"号探测器创造的纪录。

这是一个主要以太阳能为动力的空间探测器，是一个质谱仪，也是粒子质量的高精度测量装置。在宇宙中航行这么远的距离需要非常优质的太阳能电池。其他的空间探测器在这样的距离都会产生放射源，但"Rosetta"的绿色环保性，不会造成放射性污染。

这颗探测器将花费6年的时间接近外太阳系，按照计划，在2014年会与彗星相遇。

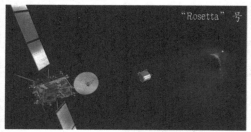

"Rosetta"号

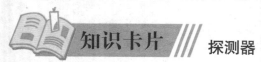

知识卡片 探测器

它是一种观察、记录粒子的装置和设备，在核物理和粒子物理实验研究中不可缺少，被广泛应用在各个领域。

2003年欧洲宇航局发射"火星快车"探测器

五、宇宙垃圾
——消失的探测器

第**2**章
探测器的先驱
人造卫星

各种天文探测器的升空，为我们提供了天文数据和带来了生活的便利，同时出现了一个新的，也是我们不得不面对的问题，那就是当这些航天器材到了"退休"的年龄后，应该怎样处理。

太空垃圾带

大部分的航天器材在寿命结束之后无法回收。它们或者继续沿着轨道运行，或者偏离轨道，进入宇宙，还有一些航天器材会在某些行星坠毁。但是由于宇宙中没有引力和重力，不管怎样结束使命，都会有很多碎片遗留在太空之中。

这些遗留在宇宙中的碎片，就被称之为宇宙垃圾。也就是说，宇宙垃圾是指围绕着地球轨道的，没有使用价值的人造物体。这些垃圾小到人

太空垃圾

造卫星碎片、漆片、粉尘，大到整个火箭残留的发动机。

自2009年以来，已经有大量的宇宙垃圾停留在太空轨道之中。由于这些仍处在高速运动的轨道碎片会对仍在运转或即将发射的卫星造成极大损害，所以如何处理宇宙垃圾已经成为了一件需要立即关注的问题。

千万不要小看这些看似安全的宇宙垃圾，根据一项统计表明，至今为止在天空中游走的直径大于1厘米的空间碎片竟然已经超过11万个，而大于1

太空垃圾

毫米的空间碎片数量甚至超过了30万个。这些宇宙垃圾归根结底都是我们自己制造的。

这些垃圾的来源其实都是人类在探索宇宙的过程中，有意或无意地遗弃在宇宙空间里的各种残骸和废物。美国国家航空航天局曾忧心忡忡地公布：2005年1月17日，南极上空885千米，发生了一起看似偶然的"宇宙交通事故"：一块31年前发射的，美国"雷神"火箭残留的推进器遗弃物，与中国1999年前发射的"长征"4号火箭CZ-4的碎片相撞。

废弃的卫星

20世纪60年代以前，没人听说过太空坠落物. 但是自1973年以来，每年有数百块太空垃圾坠落地球。由于在经过大气层与空气产生的急剧摩擦，使得这些垃圾在没有通过大气层时，就自我燃烧殆尽毁灭了。万幸的是，到今天还没有大型的宇宙垃圾坠向地球，因此也没有伤人。

知识卡片 /// 雷神运载火箭

雷神运载火箭为美国第一枚弹道导弹的第一节，随后以第一节火箭与其他上面级火箭组合的火箭也发射卫星，用来进行太空探测。雷神的最上级是第四节，称雷神德尔塔（是希腊文中第四个字母），整体火箭也简称为德尔塔。

雷神是美国发射早期小型卫星如发现者号的运载火箭。

雷神液体火箭本身推力为78吨，加上阿金纳上面级，总长23.2米，最大直径2.44米，起飞重量56吨，能把700多千克的卫星送上500千米左右高的地球轨道。为了增加运载能力，有时在它周围捆绑上3台固体助推火箭，使其运载重量提高到1吨。

1950年开始设计雷神，部署在英国或其他属于同盟国的国家，在1957年9月首度发射成功。

共发射400多次，现已不常用。

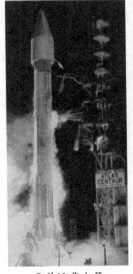
雷神运载火箭

各国的探月之路

第3章 各国的探月之路

一、俄罗斯的探月之旅

1959年1月2日，苏联发射的"月球"1号探测器，质量为361.3千克，装有当时最先进的通信、探测设备，首次成功地脱离地球引力。但"月球"1号从距月球表面7500千米的高出飞过，没有能"命中"月球。

1959年9月12日，"月球"2号探测器发射升空，两天后飞抵月球，在月球表面的澄海硬着陆，成为到达月球的第一位使者，但科学仪器舱内的无线电通信装置在撞击月球后停止了工作。

1959年10月4日，"月球"3号探测器在飞往月球，3天后环绕到月球背面，拍摄了第一张月球背面的照片。

1963年1月苏联发射Sputnik25号月球探测器失败，祸不单行，4月份"月球"4号探测器也失去了联系，无法抵达月球。

1965年苏联一口气发射了5颗探测器，其中4颗都试图登陆月球而不幸蒙难。5月份"月球"5号首次尝试软着陆但不幸粉身碎骨，6月份发射的"月球"6号因发动机故障也无法完成预期着陆任务，10月份发射的"月球"7号和12月份发射的"月球"8号探测器也都着陆不成，殒落月球，只有7月份的Zond 3号月球探测器成功传回了月球背面照片，这才不至于全军覆没。

月球背面

1966年是苏联发射月球探测器的高峰年。一年中他们共向月球发射了6颗探测器，只有5月份发射的"宇宙"111号探测器失败。1月31日发射的"月球"9号成为世界上率先在月球软着陆的探测器，它飞行79小时之后在月球的风暴洋附近着陆，着陆后它立即将周围情况向地球作了电视实况转播。

"月球"10～12号都成为月球的人造卫星，其中"月球"12号轨道的近月点只有100千米，在长期环绕飞行过程中，它们采集了大量的月球信息。12月份"月球"13号再次成功在月球软着陆，测量了土壤密度和月表辐射。

1968年4月发射的"月球"14号绕月卫星主要研究月球引力场。9月和11月苏联还发射了两颗返回式探月卫星Zond 5号和6号，分别在9月21日和11月17日返回地球。

1969年，失败接踵而来。7月"月球"15号采样返回卫星着陆时出现问题，在月球表面摔毁，9月和10月的两颗"宇宙"300号和305号探

月岩样本

测器也失败了，只有8月份的Zond 7号返回式卫星在8月14日成功返回地球。

　　1970年9月12日发射的"月球"16号，9月20日在月球丰富海地区软着陆。它的自动挖掘机，在月面上钻了个0.35米深的孔，取出100克土壤样品并成功地送回了地球，在深空探测史上，开创了无人探测器自动挖取外星球岩石样品并自动送回地球的先河。

　　1970年11月10日发射的"月球"17号，载着世界上第一辆自动月球车上天。"月球车"1号756千克，长2.2米，宽1.6米，装有电视摄像机和核能源装置。它在月面"雨海"着陆后进行了10个半月的科学考察，行程10540米，考察了8000平方米月面地区，拍摄了200幅月球全景照片和2万多张月面照片，直到1971年10月4日核能耗尽它才停止工作。

自动月球车

　　1973年1月8日发射的"月球"21号，把"月球车"2号送上月面。

　　1974年5月发射的"月球"22号采样返回卫星成了绕月的卫星，10月份再次发射的"月球"23号成功着陆但是采样设备故障，没有带回任何样本。

　　从1958年—1976年，前苏联共发射了24个"月球"号探测器，其中有18个完成了探测月球的任务。最

月球车2号

月岩样品

后一个"月球"24号探测器在1976年8月9日发射，8月18日在月面危海软着陆，并带回170克月岩样品。到这时，苏联对月球的无人探测宣告完成。

月球在地球作用球半径93万千米之内。飞往月球的探测器，只要速度超过10.848千米/秒就可能到达。如果探测器沿着椭圆轨道飞到月球软着陆，通常需要4天半时间。如果采用抛物线轨道线飞掠月球，则只需要2天左右的时间。

月球探测器的轨道通常包括两个阶段：一段以地球引力为主，另一段以月球引力为主。两者的分界面是月球相对地球的作用球半径6.6万千米的球面。

经常采用的月球探测方式有四种：一种是在月球近旁飞过或在其表面硬着陆；二是让探测器成为月球的卫星；三是探测器在月面上软着陆；四是载人或不载人航天器软着陆，取得样品后返回地球。从地球发射的探测器到达月球附近的速度很大，会掠过月球或者直接撞击在月球表面上，而不能被月球的引力捕获直接形成环绕月球的卫星。探测器直接撞击在月球表面上的这种方式被称为"硬着陆"，撞击前探测器相对月面的速度一般都大于2.5千米/秒，探测器用这么大的速度撞击在月球表面上会被破坏掉。这两种探测方式只是在早期的探月活动中采用。

知识卡片 /// 棕矮星

它是类恒星天体的一种，质量约为5～90个木星之间。它与一般恒星不同，因质量不足，核心并不会融合氢原子来发光发热，无法成为主序星。它们的内部及表面都处在对流状态，不同的化学物质并不会在内部分层存在。

棕矮星

二、艰辛的美国探月路

第3章
各国的探月之路

1958年8月18日，美国发射的"月球"探测器由于第一级火箭升空时爆炸，半途夭折了。随后又相继发射了"先锋"号探测器，都没有成功。

1959年3月3日，"先锋"4号探测器成功地从距月面5.9万千米处飞掠进入绕日轨道，成为美国第一个脱离地球重力的探测器，但没有击中月球。

1961年，为了争夺太空科技的

太空舱里的宇航员

领导地位，美国总统肯尼迪在议会演讲时说："美国要在60年代末以前，让人登上月球并安全返回地球。"从此，美国耗资256亿美元的"阿波罗登月计划"开始了。为了进行载人登月，美国先实施了四个辅助计划：

就是在1961年—1965年发射9个"徘徊者"月球轨道器，用来了解未来的"阿波罗"飞船在月面着陆的可能性。

"徘徊者"探测器样子像蜻蜓，长3米，两翼太阳能电池板展开4.75米。探测仪器装在前部，电视摄像机放在尾部。最初的5个"徘徊者"探测器均无建树。"徘徊者"6号在1964年1月30日发射，成功地在月面静海地区着陆，但由于电视摄像机出现故障，没有能够发回照片。

1964年7月28日"徘徊者"7号发射成功，在月面云海着陆后拍摄到

4308张月面特写照片。

徘徊者7号

1965年2月17日、3月24日发射的"徘徊者"8号、9号，都在月球上着陆成功，并分别拍回7137张和5814张月面近景照片。

在1966年—1968年发射7个"勘探者"月球着陆器，了解月球土壤的理化特性；

1966年5月30日，美国发射了新型探测器——"勘测者"1号，经过64小时飞行后在月面风暴洋软着陆，向地面发回1张月面照片。到1968年1月1日发射的7个勘测者探测器中，有2个失败，5个成功。

在1966年—1967年发射5个"月球轨道环形器"，对40多个预选着陆地点进行详细观测，从而选出10

勘测者1号

个登月点。

在1965年—1966年发射10艘"双子座"飞船，进行生物医学研究和飞船机动飞行、对接及舱外活动训练等。

首次载人登月是由"阿波罗"11号飞船完成的。登月后航天员采集了岩石和土壤22千克。

"阿波罗"11号登月后，又有五艘飞船相继成功登月，其中"阿波罗15"号、"阿波罗16"号从环月轨道上各发射了一颗环月运行的科学卫星。

1972年12月6日"阿波罗"17号

阿波罗17号月球车

发射，12月12日登陆月球，开始了人类在月球上首次漫游，航天员们乘坐月球车旅行，在月球上钻孔、取土样，采集岩石标本。这些标本重114.8千克。最为珍贵的是在一座火山口发现了橙黄色发亮的粉尘，证实月球上有火山活动的理论完全正确。12月19日，"阿波罗"17号安全返回地球。

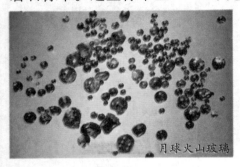

月球火山玻璃

到"阿波罗"17号登上月球为止，17次飞行试验中1～10次飞行专为登上月球做准备，11～17号是载人登月飞行。除"阿波罗"13号飞船因中途发生故障被迫返回地球外，航天员们6次登月在月球上停留的时间达300小时，他们从月球上带回381.7千克岩石、土壤样品，为人类研究月球提供了宝贵的资料。"阿波罗"计划是世界航天史上具有划时代意义的一项成就。

1994年、1998年美国分别发射"克莱门汀号"、"月球勘探者号"，对月球形貌、资源、水冰进行勘察，探索有否水源及天然资源，地面专家通过仔细量度磁场及地心引力，结果证实月球两极有水源。

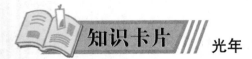 知识卡片 光年

光年是天文学家用来测量和描述太空上涉及的距离的长度单位，是光在一年内所进过的距离，大约是9.46万亿千米。

光是跑得最快的物质，它每秒能跑300000千米，也就是说光从地球到月球只需1秒钟。从地球到太阳，每小时飞行1000千米的飞机也需要花17年的时间。

"阿波罗"11号登月舱

三、探访嫦娥——中国的探月之旅

经过多年的酝酿，中国探月工程确定分为"绕"、"落"、"回"3个阶段实施的计划。 第一期绕月工程是发射探月卫星"嫦娥1号"，对月球表面环境、地貌、地形、地质构造与物理场进行探测。

第二期工程目标是研制和发射航天器，用软着陆的方式降落在月球上进行探测。具体方案是用安全降落在月面上的巡视车、自动机器人探测着陆区岩石与矿物成分，测定着陆点的热流和周围环境，进行高分辨率摄影和月岩的现场探测或采样分析，为以后建立月球基地的选址提供月面的化学与物理参数。

第三期工程目标是月面巡视勘察与采样返回。其中前期主要是研制和发射新型软着陆月球巡视车，对着陆区进行巡视勘察。后期是在2015年以后，研制和发射小型采样返回舱、月表钻岩机、月表采样器、机器人操作臂等，采集关键性样品返回地球，对着陆区进行考察，为下一步载人登月探测、建立月球前哨站的选址提供数据资料。这段工程的结束将使我国航天技术迈上一个新的台阶。

"嫦娥1号"的发射是我国第一次对月球进行探索，标志着我国的航天事业踏上了新的台阶，揭开了我国航空史的新篇章。这次月球探索肩负着四个重要而艰巨的任务：首先，在这次探月工程中，我们要依靠仪器和所传回的数据获得月球表面三维立体影像，精细划分月球表

缔城1号

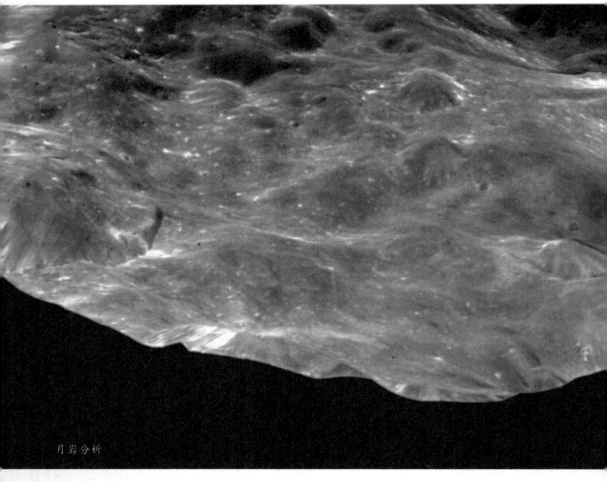

月岩分析

面的基本构造和地貌单元，进行月球表面撞击坑形态、大小、分布、密度等的研究，为类地行星表面年龄的划分和早期演化历史研究提供基本数据，并为月面软着陆区选址和月球基地位置优选提供基础资料等。

其次，在这次探月工程中，我们凭借数据和样本，对月球表面所拥有的元素含量和物质类型分布特点进行分析。主要是勘察月球表面有开发利用价值的钛、铁等14种元素的含量和分布，绘制各元素的全月球分布图，月球岩石、矿物和地质学专题图等，发现各元素在月表的富集区，评估月球矿产资源的开发利用前景等。

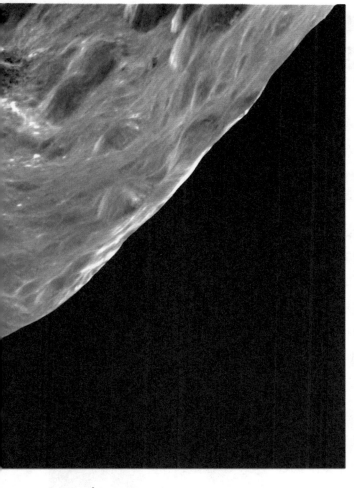

再次，这次探月工程中，我们利用了微波辐射技术探测月壤厚度，获取月球表面月壤的厚度数据，从而得到月球表面年龄及其分布，并在此基础上，估算核聚变发电燃料氦-3的含量、资源分布及资源量等。

最后，在这次的探月工程中，我们还探测了从地球到月球之间的空间环境。月球与地球平均距离为38万千米，处在地球磁场空间的远磁尾区域，卫星在此区域可探测太阳宇宙线高能粒子和太阳风等离子体，研究太阳风和月球以及地球磁场磁尾与月球的相互作用。

 知识卡片 嫦娥1号

"嫦娥1号"用古代神话人物"嫦娥"命名，是中国自主研制并发射的首个月球探测器，2007年10月24日从西昌卫星发射中心，由"长征三号甲"运载火箭升空。它的发射成功，使中国成为世界第五个发射月球探测器的国家。

"嫦娥1号"有效载荷包括CCD立体相机、成像光谱仪、太阳宇宙射线监测器和低能粒子探测器等科学探测仪器。"嫦娥1号"在距月球表面200千米的圆形轨道上执行科学探测任务，主要用在获取月球表面三维影像、分析月球表面有关物质元素的分布特点、探测月壤厚度、探测地月空间环境等。

第3章 各国的探月之路

四、国际月球网络和联合探月协议

对科学家来说，月球是一个独特的地方，它也许能找到科学界的一个最基本疑问：地球生命到底起源何时？最近几年来，"阿波罗号"飞船带回的月岩石表明，早期太阳系形成或许是爆炸的结果，它并非一直是"安静"的星系。星球爆炸可能间接地带来了地球生命。月球研究专家相信，大约38亿～40亿年前的"大爆炸"——也就是地球出现生命之前，可从月球上找到相关痕迹。

2008年7月29日，在美国太空总署研究中心，印度、英国、加拿大、法国、德国、意大利、日本和韩国8个国家和美国签署了一项具有划时代意义的合作协议。九个国家决定共同进行新一轮的月球探险，试图通过合作的方式探寻地球生命起源的答案。

这项太空计划采取跨国合作的方式。在未来几年中，联合开发重返月球太空飞船。目前，像印度、德国与韩国等国的太空项目研发日益成熟，它们将在最终载人探月计划中起到关键作用。

未来的探月计划行动，各国将不再是"单打独斗"，而是一支"国际联合舰队"。

这项合作为美国太空总署分担了大笔费用。之前，美国只有4艘登陆月球宇宙飞船的预算，但科学家希望有8艘。自1972年12月美国"阿波罗17号"载人宇宙飞船探月后——美国第6

"飞天"号月球探测器

次、也是迄今为止最后一次登月以来，人类对月球的探索陷入了低迷。直到最近两年，欧盟、俄罗斯、日本、印度、美国和中国，先后提出了自己的探月计划，一度掀起了新一轮探月高潮。而这次以科研为目的的探月行动，为近年来"升温"的探月计划带来更坚实的科研基础。

正是出于以上原因，科学家认为人类有必要重返月球。格林说："星体科学的变革一直持续不断，我们仅掌握了很小一部分，我们期待破解整个谜团。"由于月球没有遭遇火山、腐蚀或板块运动的重构，在科学家看来，它可能是太阳系唯一一处科学家能追寻到最远古时代星体痕迹的地方。

智慧1号

近年来，各国纷纷宣布探月计划，使得探月再次升温。升温背后，一方面是为了月球丰富的资源而准备，更多是为宣示各国太空研发实力，展示各自的科研力量。

自去年启动的印度首次探月计划——"月球飞船1号"发射计划，今后几个月可能随时发射。除印度外，欧洲航天局2003年9月成功发射了其第一个月球探测器——"智慧1号"，这也是21世纪人类发射的第一个月球探测器。2006年9月，处于寿命末期的"智慧1号"成功完成最后一项使命——撞击月球表面预定位置。这一轰动全球的撞击，在月球表面激起了大量的尘埃，将有助于科学家对月球表面的化学成分、月球起源和演化等进行深入研究。

2007年11月，中国发射首颗探月卫星——"嫦娥1号"，为未来月球探测积累经验。英国也在2010年发射

日本"月亮女神"月球探测器

首枚月球探测器——"月光号"。此外，日本、德国、美国和俄罗斯等国也都在加紧实施本国的探月计划，力求在探月热潮中不落后于人。

与20世纪70年代探月更多从政治目的考虑不同，近年来各国探月的重点，是为未来开发月球资源打基础，并借机展示各国在太空领域的实力。

由于探月所耗资金巨大、所需技术复杂，都是各国所无力或不能单独承担的，将有越来越多的国家参与到合作探月中来，国际合作探月也将逐步成为主流，而跨国合作探月的主要目的也将是科研。

 **国际月球网络**

这是指2009年美国、印度、韩国、日本、加拿大、英国、法国、德国和意大利共同开展的探月行动。

"国际月球网络"的探月行动，计划在未来几年内陆续向月球表面派遣无人探测器，并逐步在月球建立起6～8个固定或移动的月球科学站，对月表及月球内部进行探测。美国计划在2013年～2014年发射两个月球着陆探测器。

各方参加"国际月球网络"行动的方式不同。比如参与建造月球着陆器和轨道飞行器，研制探月活动中所用的各种科学设备，参与其他探月基础设施研发等等。

五、欧洲的探月旅程

第3章
各国的探月之路

虽然欧洲太空局在对太空的空间探索上取得了许多举世瞩目的成就，但是在探月方面却始终落在了俄罗斯、美国的后面。欧洲太空局决心研制新型航天器进行探月，闯出一条独具特色的路。"智能1号"不仅是欧洲太空局的首枚月球探测器，而且是欧洲太空局"尖端技术研究小型任务"系列计划中的第一项研究项目。

"智能1号"探测器的起飞质量为370千克，在太空展开后，外形呈现为长1570厘米、宽115厘米、高104厘米的长方体，太阳能帆板翼展为14米，提供的电力为1.9千瓦。整个造价约为1.08亿美元的"智能1号"，有效载荷质量虽然仅为19千克，但却包括用在完成10多项技术试验和科学研究的仪器设备。

2003年9月，欧洲太空局用"阿里亚娜"5G型火箭将"智能1号"发射升空，13个多月后顺利进入月球轨道。

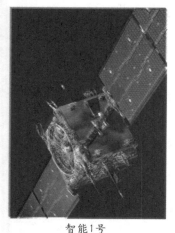

智能1号

"智能1号"的使命并不小，它肩负了三大任务：

首先，"智能1号"在升空后要测量月球地貌，分析组成月球表面矿物质的化学成分，验证月球是否形成于地球与一个小行星的强烈碰撞，进而揭示月球的起源；

其次，智能1号"在升空后要使用红外频谱仪观测月球南极附近的冰。科学家估计这是撞击到月球彗星的残留物；

最后，"智能1号"在升空后还要勘察月球南极附近几个火山口，科学家估计这里也可能有冰。

3年时间，"智能1号"围绕月球轨道飞行2000多圈，圆满完成了各项探测任务。

"智能1号"的运行轨迹

"智能1号"是世界上第一个采用太阳能离子发动机作为主要推进系统的探测器。月球与地球的直线距离约为38万千米，美国"阿波罗"飞船从发射到抵达月球轨道只用了3天时间。但是"智能1号"却花费14个月时间，行程上亿千米才抵达月球轨道。这种"舍近求远"其实主要是为了验证搭载的新型太阳能离子发动机的性能，解决日后星际旅行的动力问题。与传统的航天器化学燃料发动机不同，太阳能离子发动机可将太阳能转化为电能，再通过电能电离惰性气体原子，喷射出高速氙离子流，为探测器提供主要动力。它利用燃料的效率比普通化学燃料发动机高10倍，这使得航天器有更多的空间装载其他装备。"智能1号"在太空中遨游近3年只消耗了60升燃料，创造了太空探险的奇迹。正是由于新型离子发动机表现优异，"智能1号"进入月球轨道的时间比预定计划还提前了近两个月。

2006年9月3日，造价约1.1亿欧元的"智能1号"以7000千米时速、与月球表面几乎平行的1度角击中了月球的"卓越湖"区域，同时"砸"出10多千米厚的"尘埃"供天文学家研究。由于撞击过程与石块在水面上打水漂相似，英国媒体将这次科学考察戏称为人类历史上最大的一次"打水漂"游戏。

这次成功的撞击，扬起了大量的月球尘埃，科学家可以通过分析成分，来解释目前学说都存在比较大争论的月球起源之谜。而且这次撞击在预定时间内撞击到了预定的地点，为下一步其他人类探测器在月球或其他星体精确着陆奠定了基础。

"智能1号"成功撞击月球

这次撞击还对防止小行星撞击地球也提供了工程基础。因为人类对付威胁地球安全的小行星撞击，目前的手段就是用人造核武器击中小行星的固定位置，以此改变小行星的运行路线。这次行动无疑是积累了经验。

"智能1号"的成功，不仅仅是欧洲在天文探测方面取得的一项巨大的成就，更是开启新一轮月球探测的热潮。

知识卡片 月球环形山

它是指分布在月球表面的陨石坑。月球上的环形山大小不一，深度大多数都在4～6千米之间。有些环形山达到直径160千米，可深度却只有2～3千米。

科学家们一度普遍认为，环形山是由巨大陨石撞击形成的，但越来越受到了质疑。因为一个上百万吨的巨大陨石按每秒4.8万千米的速度撞击月球，效果就相当是一枚数百万吨级的核弹，才能造成这样巨大的破坏。如果地球受到数百万吨级核弹的撞击，早就破碎了，而不会仅仅是一个坑穴。

月球环形山

六、第一个走向宇宙的人

1930年8月5日阿姆斯特朗出生在美国的俄亥俄州。他14岁即开始接受飞行训练，16岁获得飞行员证书，1947年入普渡大学学习，1949年—1952年成为海军中最年轻的飞行员。1953年7月阿姆斯特朗服役期满后进普渡大学学习航空技术，毕业后在爱德华兹空军基地任试飞员，后参加过X—15火箭飞机的飞行计划，曾进行过6次试飞，最高飞行高度达到6万米。

普渡大学

1955年毕业获得航空工程学学士。1962年9月，经过严格挑选，阿姆斯特朗成为首批从文职飞行员中征选的2名宇航员之一，参加受训，从此与航天事业结下了不解之缘。1970年在南加州大学获得航天工程硕士学位。此后，他担任过美国国家航空咨询委员会高速飞行器的测试飞行员。

阿姆斯特朗

他曾在多种飞行器上执行超过900次的飞行任务，而且做得很完美。作为一名试飞员，阿姆斯特朗执行过很多飞机的飞行测试项目。

1966年3月16日，阿姆斯特朗作为"双子星8号"的正驾驶，进行了首次太空飞行。这次飞行历时10小时41分26秒，包括首次与另一架宇宙飞船在轨道自动导航的阿金那目标火箭对接。他成功地使阿金那火箭与他的宇

漫步月球的阿姆斯特朗

宙飞船分离并坠入太平洋，这是美国宇宙飞船首次紧急着陆。

1969年7月，阿姆斯特朗成为"阿波罗11号"指挥官，与宇航员迈克尔·柯林斯和巴兹·艾德林一起成功升上了天空。在这次飞行任务中，阿姆斯特朗和巴兹·艾德林，都离开了太空舱，走上了月球。阿姆斯特朗成为了第一个踏上月球表面的人，他迈向月球的一小步，成为了人类航天史上的巨大突破。

阿姆斯特朗和艾德林在月球表面进行了2小时30分钟的活动，进

阿姆斯特朗在月亮上的脚印

行科学实验，采集岩石和土壤样品，留下进行实验的科学设备与纪念其着陆的徽章。他们于7月21日离开月球，7月24日返回地球。

1970年，他被南加利福尼亚大学授予航空工程硕士学位，出版《首次登上月球》一书。7月出任太空总署航空学协会副会长。1971年，在俄亥俄州的辛辛那提大学工作，任航空工程学教授。1979年，离开辛辛那提大学。1985年，在国家太空委员会工作。

"阿波罗"11号的宇航员

![知识卡片图标] **知识卡片** **爱德华兹空军基地**

　　爱德华兹空军基地是美国著名空军试飞基地之一，也是NASA航天飞机第一备降机场。基地内有美国空军飞行试验中心、美国宇航局旗下的德莱顿飞行研究中心等机构。

　　爱德华兹空军基地在美国的加利福尼亚州，1930年建造，曾经是第二次世界大战中美国陆军航空队（USAAC）的训练中心之一。

　　1981年4月14日，美国宇航员约翰·扬乘世界上第一架航天飞机"哥伦比亚号"在这里着陆。2005年8月9日上午8时12分，美国"发现号"航天飞机在此安全降落，结束了长达14天的太空之旅。

　　在NASA的111次航天飞机降落中，就有49次降落在爱德华兹空军基地。

第 **4** 章

对地球邻居的探访

一、伸向火星的探秘之手

第4章 对地球邻居的探访

火星被认为是除地球外，最适合人类居住的一颗行星。美国"凤凰号"探测器证实，火星地表之下存在人类赖以生存的水，这更激起人们对火星上是否存在生命的探究。

火星探测器是一种用来探测火星的人造卫星。苏联的火星探测计划可谓路途坎坷：1962年，苏联发射的"火星1号"探测器是人类向火星发射的第一颗火星探测器，但它在飞离地球1亿千米时与地面失去联系，从此下落不明；1971年5月19日发射的"火星2号"探测器，着陆舱在火星上着陆，也失去联系；"火星3号"探测器虽然到达火星，但没有完成预定的探测计划；"火星4号"没有能够进入火星轨道；"火星5号"虽然入轨，但工作时间很短；"火星6号"着陆失败，飘入苍茫天宇，不知去向；"福波斯1号"在宇宙空间已失去联系；"福波斯2号"对火卫一考察一段时间后，又出现故障；"火星－96"飞船发射后因故障坠入大海。 连连受挫，苏联不得不重新考虑自己的火星探测计划。

1964年，美国发射了"水手4号"探测器，并成功飞到距离火星一万千米处拍摄了21幅照片。

1972年 美国"水手9号"沿火星轨道飞行成为火星的第一颗人造卫星，环绕火星轨道进行长期考察。

"火星探路者"号探测器

1997年7月4日，携带火星探路者的飞船进入火星大气层，由降落伞带着以每小时88.5千米的速度飘向火星表面，并在着陆前数秒钟打开九个巨大的保护气囊。

火星探路者在火星降落，在密封气囊的保护下，经过一番弹跳翻滚之后，在火星表面停了下来。 着陆成功后，飞船打开外侧的三个电池板，重10千克的6轮"旅居者号"火星车缓缓驶离飞船，落到火星地表。行进路线是预先确定好的， 首先朝目标区西南部的一个长100千米、宽19.3千米椭圆形区域缓慢行进。 在探测区，经对由古代洪水冲刷形成的一个488平方米的小岛作详尽观察，科学家发现火星山谷平原暴发过多次洪水，并有众多由水冲击而来的圆形岩石，其中许多岩石沿同方向排列，表明它们受到同样水流的冲击。科学家推测当时洪水有数百千米宽，水流量为每秒100万立方米。

火星表面

水手4号

1992年9月25日，"火星观察者号"探测器发射成功。它重2.5吨，携带7部仪器。经11个月飞行7.2亿千米后，到达距火星表面378千米的近极轨道，对火星进行长达687天的观测考察，绘制整个火星表面图，预告火星天候，测量火星各种数据，进一步揭示火星上是否有原始阶段的生命现象，为未来人类移居火星探寻道路。

1993年8月21日，"火星观察者号"探测器突然与地面失去联系，不再发回信息。这次探测令人失望地夭折了。

40多年来，火星一直是美国太空探测的重点目标之一，1999年1月，美国的"火星极地着陆者"号发射，当年12月在火星南极降落过程中，着陆器以及携带的两个小型探测器与地球失去联系。

2001年4月，美国"奥德赛号"探测器发射，当年10月抵达绕火星轨道，并一直工作到现在。

2003年6月和7月，美国接连发射了两辆火星车"勇气号"和"机遇号"火星车，到目前为止，"勇气号"已经和地面失去了联系，而"机遇号"火星车仍在超期服役中。

2005年8月，美国的"火星勘测轨道飞行器"升空，到2006年3月的时候，这个飞行器成功地进入了预定的绕火星轨道，目前

仍在火星轨道上探测。

2008年美国"凤凰"号探测器成功登陆火星，任务结束后，由于电量难以维持失去联系。

2011年11月26日，美国"好奇号"火星车从佛罗里达州卡纳维拉尔角空军基地发射升空，这个探测器主要用于探索火星过去或现在是否存在适宜生命生存的环境。"好奇号"个头与小汽车相当，重约900千克，是2004年登陆火星的"机遇

号和"勇气号"火星车的5倍多，长度约为它们的两倍。以核燃料钚提供动力的"好奇号"携带的探测设备更多、更先进，在火星表面的连续行驶能力也更强。

火星探测项目是继载人航天工程、探月工程之后中国又一个重大空间探索项目，也是我国首次开展的地外行星空间环境探测活动。火星在古代被称为"荧惑"，中国的第一颗火星探测器谐音，命名为"萤

勇气号

火1号"。

从2007年开始研制的"萤火1号"火星探测器实体模型，体重仅110千克，本体长75厘米、宽75厘米，高60厘米，携带照相机、磁强计等八件武器，肩负中国首次地外行星空间环境探测的重任。

"萤火1号"两侧太阳帆板展开长近8米，质量约115千克。采用一箭双星方式发射，"萤火1号"和俄罗斯探测器"福布斯号"一起搭乘运载火箭飞向火星，到达火星轨道后再分开。

按照计划，"萤火1号"搭载俄罗斯运载火箭，与俄罗斯的"福布斯–

好奇号火星车

火星表面

萤火1号

萤火1号变轨失败

土壤"火星探测器"结伴"奔向火星，"萤火1号"要完成探测火星的空间环境、探寻火星"水为什么消失的秘密"揭示类地行星的空间环境演化特征等三项任务。它还计划和"福布斯"完成星-星掩星试验，"福布斯号"在它的轨道上发送信号，"萤火1号"接收信号，实现对火星电离层的探测，这在世界还是首次。"萤火1号"将不会在火星上着陆，而是在火星大椭圆轨道上绕行。此次探测也是我国火星探测"绕、落、回"三步走项目计划中的重要部分。

2011年"萤火1号"发射，但在太空变轨失败，消失。

知识卡片 火星

火星是太阳系八大行星之一，是太阳系由内往外数的第四颗行星，属于类地行星，直径约为地球的一半，自转轴倾角、自转周期均与地球相近，公转一周约为地球公转时间的两倍。火星基本上是沙漠行星，地表沙丘、砾石遍布，没有稳定的液态水体。二氧化碳为主的大气既稀薄又寒冷，沙尘悬浮其中，每年常有尘暴发生。火星两极皆有水冰与干冰组成的极冠，会随着季节消长。

二、前仆后继的金星探访

1961年2月12日，苏联发射了第一个金星探测器"金星1号"。它重643.5千克，装有两块太阳能电池板和一根直径2米的折叠式抛物面天线。它经过1个半月的飞行，3月27日在距离地球756万千米时无线电通信中断了，又经过2个月的飞行，在5月19日飞到距金星10万千米的地方掠过，但无法得到它的探测结果。1965年11月12日和15日发射的"金星2号"和"金星3号"探测器，都因通信系统发生故障而没有把金星的观测数据传回来。1967年6月12日发射了重达1060千克的"金星4号"，经过大约35000万千米的远途飞行，进入金星大气层。然后着陆舱与探测器分离，降落在金星表面白昼黑夜交界线1500千米的地方。

"金星4号"的着陆舱直径1米，重383千克，外表包着一层很厚的耐高温壳体。由于金星大气的压力和温度要比预想的高得多，所以着陆舱降落到金星表面时损坏了，没能发回金星上探测到的情况。

金星

1970年8月17日发射成功的"金星7号"，是第一个到达金星实地考察的使者。着陆舱重约500千克。它实现在金星软着陆，这时地球与金星之间的距离为6060万千米。它首次向地面传回金星表面温度等数据的探测器，测得金星表面的温度为447摄氏度，气压为90个大气压，大气层密度大约为地球的100倍。

金星7号

此后，苏联又相继发射了9个"金星号"探测器。1975年6月8日和14日发射的"金星9号"和"金星10号"，在金星表面各拍摄了一张金星全景照片，首次向人们展露出它的容颜。

1978年发射成功的"先驱者-金星1号"对金星高层大气观测了244天，考察了金星的云层、大气和电离层，研究了金星表面的磁场，探测了金星大气和太阳风之间的作用，测绘了93%的金星表面地形。"先驱者-金星2号"飞临金星，考察了金星的云层、大气和磁场。金星上层大气和电离层十分活跃，在金星的云被中不同层次具有明显的物理和化学特征，金星的大气主要成分是二氧化碳，可见云层由硫酸雾组成。因此，金星上降雨时，落下的是硫酸而不是水。

1981年10月30日和11月4日发射的"金星13号"和"金星14号"，又拍得4张金星表面彩色照片。从这些照片上发现，金星表面覆盖着褐色的砂土，岩石结构像光滑层状板块。1983年6月2日和7日升空的"金星15号"和"金星16号"，都没有携带着陆舱，而是历经130个昼夜，飞行3亿多千米，分别在同年10月10日和14日进入金星的卫星轨道运行。通过雷达对金星表面进行了连续综合考察，获得许多宝贵资料，人们对金星的了解更加丰富了。

1962年8月27日，美国发射的"水手2号"探测器，从距金星3500千米处飞过时，首次测量了金星大气温度，拍摄到了金星的照片，它是第一个

水手2号探测器

成功探测金星的探测器。1967年6月14日发射的"水手5号"，1973年11月3日发射的"水手10号"，都先后飞临金星，拍摄发回4000多幅金星照片。

1989年5月4日，阿特兰蒂斯号航天飞机将一个名叫"麦哲伦号"的金星探测器携带升空，并在第二天把它送入飞往金星的旅程。"麦哲伦号"探测器重3365千克，装有一套先进的电视摄像雷达系统，能透过厚实的云层测绘出金星表面上小如一个足球场的物体图像，清晰度能胜过迄今所获金星图像的10倍。

经过460多天的太空飞行，"麦哲伦号"金星探测器终于在1990年8月10日进入金星轨道，并在8月16日

麦哲伦号金星探测器

首先用合成孔径雷达对金星表面进行试验性测绘，发回第一张金星照片。这张照片显示出金星表面面积为40×80千米大的熔岩平原。1990年9月15日"麦哲伦号"探测器首次获得第一张完整的金星地图，从中发现金星上有巨大的熔岩流、数以千计的裂缝和火山口，还有高耸的山岭、巨大的峡谷、陨石坑、沙丘和活火山等。麦哲伦号的探测表明，金星上有时发生大的风暴，有过火山活动，表面温度高达280℃～540℃。它没有卫星，没有水滴，磁场强度很小，大气成分主要是二氧化碳，金星上不适于存活生命物质。

 **知识卡片** **金星**

金星是离太阳第二近，太阳系中第六大行星。在所有行星中，金星的轨道最接近圆，偏差不到1%。

第**4**章
对地球邻居
的探访

三、送向木星的"探路者"
——"伽利略号"

"伽利略"号飞船造价近10亿美元，是美国到现在为止最精密的星际飞行器，整个发射计划耗资约15亿美元。飞船总重2550千克，有一具核动力装置，内装22.7千克放射性铀—238。飞船配备着摄像机、近红外勘测分光仪、磁强仪、测云仪、大气结构仪等17种科学仪器，用在木星大气层构成、云层结构、温度、磁场等方面的勘测和研究。

"伽利略"号木星探测飞船起飞总重为2550千克，由轨道器和大气探测器两部分组成。

"伽利略号"发射后，不停地朝向太阳轨道飞行了两年，1990年2月通

木星与伽利略号

过金星，在1990年12月以时速1.429万千米的速度，首次通过地球轨道，再以时速12.71万千米的速度，1992年12月第二次通过地球轨道和地—月交会轨道，并对它们都"顺便"进行红外观测。

"伽利略号"绕木星飞行了34圈，获得了有关木星大气层的第一手探测资料，在1995年将一个探测器放到了木星上。它发现在木星的卫星欧罗巴的地下有咸水，还发现木

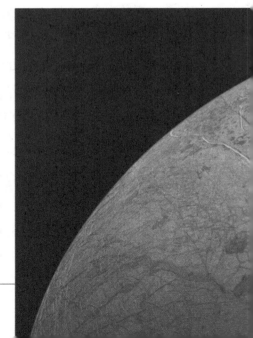

星卫星上有剧烈的火山爆发。探测器原定约2年的使命先后被3次延长。

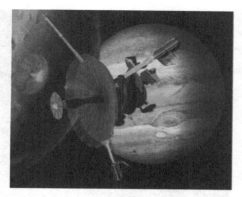

伽利略号

1995年7月，到达木星轨道前150天，放出大气探测器后，沿着木星椭圆轨道执行探测任务，并绕木星飞行了22个月，拍摄到木星及其卫星的大量清晰的照片；大气探测器则深入木星大气层的深处探测大气层的成分和物理特性。这个探测器以每秒48千米的速度进入狭窄的通道最后进入大气层，它承受了400克的加速度，表面压力高达14个大气压，表面温度高达780摄氏度高温，在它打开降落伞徐徐下降的过程中，展开了各种测量工作。随着高度的下降，大气压力和气温越来越高，最后高达20个大气压，这时，环形探测器被大气压垮，探测工作被迫终止。整个工作历时1小时。

1995年12月7日，到达木星。它的轨道器在释放出探测器后，就成为木星的人造卫星，探测器下降到木星表面，并及时向地球连续地发回了各种宝贵的探测数据。使人类对这个距离地球非常遥远的星球第一次有了

木星

木卫一

了解。之后，探测器上的主天线曾出现故障，但地面控制人员最终找到了让它发回探测数据的其他办法。

在1995年12月飞抵环木星轨道后的7年多时间内，它创造的记录有：绕木星运行34周，与木星主要卫星35次相遇，发回包括1.4万张照片在内的3万兆比特数据，在木星的三颗卫星上发现了地下液态盐水存在的证据。

第一次从轨道上对木星系统进行了完整考察，第一次对木星大气进行了直接测量。

"伽利略"号

"伽利略号"探测船探测木卫系统的最大成就，是取得了证实木卫二上存在水的图像。

"旅行者"曾观测过木卫二表面的情况，而"伽利略号"探测船的观测更为详细和精确。探测发现在木卫二白色冰层之上，浅浅的沟壑纵横，很像地球两极的浮冰，这说明冰层受到巨大的力的作用，木卫二表面的陨石坑很少，这说明木卫二形成的年代较晚，受到彗星、小行星冲撞的次数较少，外界天体的撞击对木卫二表面特征的影响并不大。

"伽利略"号

水的存在对生命是非常重要的。科学家估计，在木卫二98千米厚的冰层中，真正以固态存在的水可能只是表面的8～16千米，而冰层之下是大量的液态水。假如木卫二海底也有活火山的话，它提供的热量足以使某些不需要阳光和空气的微生物存活。

木卫二是否存在生命，还有待进一步探测。

经过10余年的宇宙飞行探测，"伽利略号"飞船不断暴露在辐射下，已经老化，燃料几乎用完。科学家们一致同意在宇宙飞船脱离控制之前，让它以受到控制的方式了结。

美国时间2003年9月21日，"伽利略号"探测飞船结束了在木星探测的8年使命，按照预期撞向了这颗最大的行星，而科学家们在地球上热烈庆祝。

在坠毁之日，"伽利略号"将运行到木星背面，然后以大约每小时17万千米的速度坠入木星大气层。"伽利略号"与木星大气摩擦过程中所形成的高温会使该探测器发生剧烈燃烧，并最终坠毁在木星。与"伽利略号"探测计划有关的约1500名各界代表，聚集在美宇航局喷气推进实验室，为这颗探测器"送终"。

知识卡片 伽利略号

"伽利略号"是1989年从"亚特兰蒂斯"号航天飞机上发射的，是美国航天局第一个直接专用探测木星的航天器，也是美国宇航局发射的最成功的探测器之一。

"伽利略号"探测计划最早在20世纪70年代初提出，1977年得到宇航局批准，但直到1989年才由"阿特兰蒂斯"号航天飞机送入太空。

"伽利略号"探测器呈不规则长形体．重约2717千克，由木星轨道器和再入器两部分组成，在到达木星前约150天时，两者分离，轨道器环绕木星运行探测；再入器深入木星大气层考察。

1995年12月抵达环木星轨道。

木星大红斑

第4章 对地球邻居的探访
四、"水星计划"和宇航员选拔

水星

　　"水星计划"是美国国家航空航天局与1959年—1963年进行的航天飞行计划。这是美国1958年开始实施的第一个载人航天计划。

　　那时，人们还不清楚什么类型的人能够胜任宇航员的位置。艾森豪威尔总统曾作出决定，认为宇航员应该是军事飞行员，特别是试飞员。此外，他们应该接受过大学教育、已建立了家庭、中等身高和体格，健康状况极好并且热衷驾驶先进的飞行器。

于是，美国国家航空和航天局的官员们开始筛选军事飞行员的服役记录。他们把范围从508人缩小到110人，这些飞行员分别来自海军陆战队、海军和空军。110名飞行员当中有69人在1959年2月到华盛顿报到，参加筛选测试，其中包括面试、书面测验和体格检查。最终，在这69名飞行员当中，有32人被选中并同意接受在俄亥俄州和新墨西哥州进行的进一步测试。这些测试包括全面的医学和心理评估以及强重力加速度、振动和隔离等环境下的耐压测试。

被选中以后，宇航员们又经过了几年的培训，包括在水星飞船系统中的训练以及飞行训练、连续的医疗评估和各种环境下的生存训练。他们刻苦地练习并忍受了和家人长时间分离的痛苦，每个人都想在竞争中努力成为第一个进入太空的美国人。

水星计划

1961年4月12日，苏联把航天员加加林送上天并成功地完成轨道飞行时，美国的"水星"计划还处在无人试验阶段，直到1962年才进行首次载人轨道飞行。"水星"计划在1963年结束，共完成25次飞行试验，其中包括4次动物飞行，2次载人弹道飞行，4次载人轨道飞行，耗资约4亿美元。

"自由7号"是美国的首个太空项目"水星计划"的第一次飞行。

1961年5月5日，航天员阿兰·B·谢巴德乘坐"水星"飞船"自由7号"实现了一次亚轨道飞行，这次飞行被赫鲁晓夫戏称为"跳蚤的一

搭载自由7号的红石弹导火箭

跃"。谢巴德并没有进入绕地轨道，他的飞行其实比较像是弹头改为载人的弹道飞行，在次轨道飞了15分22秒然后回到地面。之后美国国家航空航天局又进行了几次亚轨道和轨道飞行试验，对轨道飞行进行了充分的验证。1962年2月20日，航天员约翰·H·格林乘坐"友谊7号"飞船终于实现了美国人的航天梦。此后，水星号又进行了3次太空飞行。

"水星"计划期间，美国太空

水星计划的宇航员

总署的太空人班底是"原始七人组"，所以每一次飞行任务的命名尾数都是七。例如，1961年5月5日，阿兰·B·谢巴德成为第一个进入太空的美国人之时，他搭乘的太空船叫做"自由7号"，当然这并不代表在他之前有6次"自由××号"的飞行。随后的维吉尔·I·葛理森飞了15分37秒，只是确保太空船能够可靠地控制而且轨道计算正确。约翰·H·格林是"水星"计划中第三位飞上太空的人，他在1962年2月20日成为第一个乘太空船环绕地球的美国人，4小时55分23秒的太空之旅使他围绕地球转了3圈。"水星"计划最后一次，也就是第六次"信心7号"，飞行时间已增加到34小时19分49秒，以便评估在轨道上失重近一天半时间的影响。

"水星"计划所要达到的目标与"东方号"计划基本相同。工程师们设计了一个圆锥形的飞船，总长约2.9米，底部直径约1.8米。飞船的顶

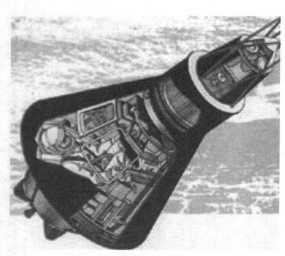

水星计划

端还有一枚逃逸火箭。底端的制动火箭为回收时提供脱离轨道的推力。进入大气层时，飞船底端的烧蚀材料用在防热。当太空舱落入较低的大气层时，太空舱顶端的降落伞打开，使航天员和太空舱安全地降落在海洋中。

"水星"计划虽然比苏联轨道飞行晚10个月实现，但技术上取得的成就却比"东方"计划更大。美国在整个"水星"计划中，将多种导弹改进作为运载火箭，从中获得了丰富的经验，这为后来的大型航天计划创造了必要条件。同时"水星"计划在技术上虽然比较复杂，可整个开发过程比较科学，具有推广的潜力，并且发展了几项新技术，在大型航天计划的管理上也积累了相当的经验。

美国通过"水星"计划证明人能够在空间环境中生存和有效地驾驶飞船，也取得了载人飞船设计的初步经验。但是在这一回合的载人航天竞争中输给了苏联，突出表现为载人上天的时间落后在苏联，航天运载能力也处在劣势地位。

知识卡片 遥感

遥感是通过对电磁波敏感的仪器，根据不同物体对波谱产生不同响应的原理，不接触物体本身，从空中探测地面物体性质，识别地面上各类地物。包括对电磁场、力场、机械波（声波、地震波）等的探测。自然现象中的遥感：蝙蝠、响尾蛇、人眼人耳。遥感器由遥感平台、遥感仪器、信息处理、接收与分析应用等组成。

雷达

五、"双子座"计划

第4章
对地球邻居
的探访

"双子座"计划是美国的第二个载人航天计划，这一计划实施在"水星"计划和"阿波罗"计划之间，在1965年—1966年间共有10次载人飞行。计划的目标是为更先进的太空旅行积累技术，尤其是其后的阿波罗登月计划，双子座计划中任务时间足够前往月球并返回。任务还包括太空行走和轨道机动。所有的载人发射都使用"大力神"2号作为运载火箭。整个计划耗资54亿美元。

考察宇航员和飞船在轨的最大驻留时间，最短8天，最长两周。与其他航天器交汇对接，并使用推进系统移动组合航天器。太空行走技术验证，并考察宇航员在太空的任务执行能力。完美再入并在预定地点着陆。为宇航员提供阿波罗计划需要零重力环境以及对接经验。

"双子座"这个名称是因所用飞船能容纳两人，而Gemini

大力神号运载火箭

双子座计划

这个词在拉丁语中意思是双胞胎。

双子座飞船与水星飞船最大的不同是，水星飞船将除制动发动机外的所有设备都放在飞船中，仅于宇航员一个舱门之隔。而双子座飞船将动力，推进，生命维持系统都放在一个

双子座飞船构成

独立的设备模块中，类似后来阿波罗飞船的命令舱服务舱分离的设计。

水星飞船只能在轨道平面做调整，而双子座飞船可以在空间六方向上动作，并能改变轨道。双子座飞船被设计为可以与阿金纳目标飞行器对接，而后者拥有更强大的变轨能力。

最初飞船被设计为使用滑翔伞在陆地着陆，由宇航员控制。为了实现这种设计，滑翔伞不只固定在飞船端部，还须固定在热防护盾附近以维持平衡。但此项设计最终还是被降落伞海域着陆方式替换。

双子座飞船

飞船在早期几次短期飞行任务使用电池供电，后来的长期飞行任务换成了燃料电池，这是燃料电池在载人飞船的首次应用。

双子座飞船是第一个引入机载计算机的美国载人飞船，双子座引导计算机用来协助管理，控制飞船机动。飞船还借用了某些

双子座飞船

航空上的设计如弹射座椅，飞行雷达，高度仪。弹射座椅最早出现在苏联的"东方号"飞船中。

木星

它是九大行星中自转最快的行星，体积和质量比其他八大行星的总和还大。我国古代也叫"岁星"，与太阳平均距离为77830万千米。木星形状很扁，中心的温度高达10万度，由于热传导作用，木星表面温度只有−140℃。

探测发现木星的大气层成分主要是氢和氦，并且带有少量的甲烷和氨，大气压为1～2个大气压，密度只有地球的五分之一。木星有氢冕和氦冕，它的大气层中的高层云是氨卷云。

木星存在着强大的磁场，不过磁极正好与地球相反，磁场强度比地球磁场大20～30倍。

六、太空探索新构想
——"星座"计划

第**4**章
对地球邻居
的探访

美国国家航空航天局曾提出过一项新的航天探索计划——这就是"星座"计划。它包括了一系列新的航天器、运载火箭以及相关硬件，将在包括国际空间站补给运输以及登月等各种太空任务中使用。

"星座"计划也是美国NASA重返月球计划的最新名称。前美国总统布什要求美国人重返月球进而飞向火星，NASA因此花费数亿美元设计、建造和试验能使这一计

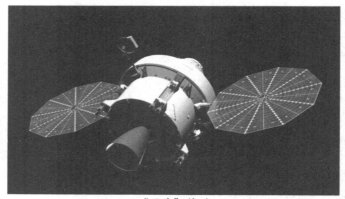

"星座"计划

划成为可能的太空飞船。但是，这一努力尚未像阿波罗计划在20世纪60年代那样激起公众的兴趣。于是，2009年年初NASA请纽约一家广告公司为这项计划"正式命名"。这项计划承担着建造航天器，发射航天器的任务。它也是这期间的地面支持系统，没有它美国将无法实现建立月球前哨站的计划。这项计划将采用新型的载人飞船、新型运载火箭和登陆舱等新一代航天工具，包括制造"战神1号"火箭与猎户座宇宙飞船。

计划中航天飞机在2010年全部退役，美国宇航局因此在2005年实施了"星座计划"，开发新一代载人航天系统。包括"猎户座"乘员探索飞行器、"战神1号"和"战神5号"火箭以及它们的支持系统。实际上航天飞机在2011年7月退役，而星座计划则因为资金短缺、进度拖后、设计思想有争议等原因在2010年初被奥巴马政府终结，相关法案于同年10月成为法律。作为替代，商业航天公司将在2016年左右接过近地轨道载人任务的大

战神1号火箭

任，而MPCV多用途
载人飞船将完成深空
载人任务。

星座计划全部采
用了J-2X发动机核心
组件，2007年9月20
日，在位于密西西比
州圣路易斯湾附近的
美宇航局斯坦尼斯航
天中心，工程师将设

"星座"计划

计用在星座计划的J-2X发动机核心组件安装到A-1试验台。这一组件称
为"Powerpack1A"，工程师在2007年11月到2008年2月间对其进行了测
试。Powerpack1A包括一个气体发生器和发动机涡轮泵，它们最早开发
用在20世纪60年代末期和70年代初期将美国人送上月球的阿波罗计划。工
程师测试这些零部件以获取相关数据，这些数据可以帮助他们对涡轮机
组进行改进，满足"战神1号"和"战神5号"火箭的高性能标准。

 知识卡片 土星

土星的体积在太阳系九大行星中占第二位，差不多是地球的740倍，质量只
有地球的95倍。土星也是太阳系中最扁的一颗行星。

土星有一条由土星磁场俘获的带电粒子组成的辐射带。土星辐射的能量是
太阳能量的2.5倍，这一重要发现说明土星和木星一样，除了反射太阳光外，自
己也会发射红外光和无线电波。

土星也有一个大红斑，不过比木星的大红斑要小得多，长8000千米，宽
6000千米。

第5章

著名的太空天文探测器

◎探测小行星的"黎明号"

◎牵手彗星的"罗塞塔号"

◎飞向冥王星的
　　"新地平线号"探测器

◎捕捉土星闪电
　　——"卡西尼"探测器

◎捕捉宇宙最古老的光芒
　　——"普朗克"探测器

◎火星科学实验室

◎太空使者
　　——"旅行者1号"

一、探测小行星的"黎明号"

2007年9月27日早7时34分，从佛罗里达州肯尼迪航天中心发射升空，计划耗资3.57亿美元"黎明"号小行星探测器，可以说是美国研制的第一个探测小行星带的人类探测器，也是第一个先后环绕谷神星与灶神星这两个体积最大的小行星的人类探测器。

黎明号小行星探测器

"黎明"号计划是第一个探测这个重要区域的人类探测器，也是世界上第一个先后环绕两个天体的无人探测器。这之前也曾有航天器飞经体积较小的小行星，并环绕轨道飞行甚至在小行星上降落。在将来，预计还会有更多探测小行星的航天计划。但是，过去从未出现过同一航天器先后环绕两个天体飞行的情况。

"黎明号"在2001年正式立项，由于经费超支以及技术问题，美国宇航局下令取消了这项探

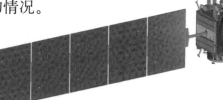

黎明号

测计划，"腾出资金进行重返月球乃至登上火星等载人探测项目"。但一些专家不忍"黎明号"就此夭折，经多方游说后宇航局又同意恢复。

据报道，NASA从2007年7月以来就一直为"黎明"号升空做准备。

NASA为激发公众对探索的参与热情，还推出了"送你的名字去小行星带"的宣传活动。共有36万人通过网络参与了这次活动，他们的名字被记录在一个5美分硬币大小的微芯片里，27日随着"黎明号"一同飞往太空。NASA还会寄给参与者一份证书，证明名字跟探测器一起到小行星带旅行过。 "黎明号"在2011年首先探测小行星灶神星，进行6个月的观测后离开。在2015年赶到谷神星继续观测，整个太空旅行的距离长达48亿千米。灶神星和谷神星是火星和木星之间小行星带里个头最大的成员，科学家希望通过观测研究这两个天体，能够揭开太阳系诞生的线索。在这之前，航空界还从未尝试过用一个太空探测器考察两个天体并围绕它们运转。"黎明计划"之所以成功可能都要感谢离子发动机的出现。与传统的航天器化学燃料发动机不同，新型发动机将太阳能转化为电能，再通过电能电离惰性气体氙气的原子，产生时速达14.32万千米的离子流作为推动力。

黎明号

"黎明"号上安装了3个离子推进器和2个巨大的太阳能板，双翼间距近20米，足以为它提供穿越太空的能量。在最初4天，它的时速将逐渐提高到96千米，12天后达到300千米，1年后将升至惊人的8850千米，而届时消耗的燃料只有15加仑，燃料利用效率是传统化学燃料发动机的10倍。探索太阳系形成过程。

不少科学家认为，小行星是处在萌芽期但没有得到机会成长起来的

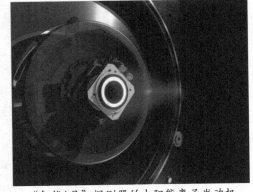
"智能1号"探测器的太阳能离子发动机

"黎明"号发射

"行星婴儿"。谷神星、灶神星、智神星和婚神星被称为小行星带的"四大金刚"。

之所以选择灶神星和谷神星进行探测，不仅仅是因为它们个头较大，而且还因为它们与小行星带里的其他天体存在显著差别。灶神星和谷神星都形成在大约45亿年前，据估计，它们都形成在太阳系早期，并且由于木星的强大引力作用而演化迟缓。研究人员希望比对观测这两个天体的演化过程。

灶神星是与地球类似的岩状天体，太阳系中距太阳较近的天体大多为岩状天体。而谷神星则是典型的冰态天体，这类天体主要在距太阳较远的轨道上。这两个极不相同的天体竟然可以在同一个小行星带中，这是"黎明号"需要揭示的奥

灶神星

秘之一。

另外，利用"黎明"号上的同一套科学仪器探测两个不同目标，可以方便科学家将两套探测数据进行准确的对比分析，并根据它环绕灶神星和谷神星的运行轨道数据，对比测算这两个天体的引力场等参数。 美国"黎明"号小行星探测器11日被运上发射台，如果一切顺利，它将最早在26日发射升空，飞赴火星和木星之间著名的小行星带，探测那里的两个大型天体——灶神星和谷神星。

谷神星

智神星

多冰的"谷神星"是小行星带第一个被发现的天体，也是体积最大的。科学家推测，"谷神星"25%的成分可能是水，与"灶神星"差别很大。望远镜观测显示，"谷神星"表面布满黏土、碳酸盐和其它形成水所需的矿物质，因此这里也可能为生命形成提供了条件。

"黎明"号此次配有三种科学仪器——摄像机、红外线光谱仪、伽马射线与中子探测器。它将从不同高度对两个天体进行探测，研究太阳系早期环境及形成过程。

婚神星

知识卡片 离子推进器

离子推进器，又称离子发动机，其原理是先将气体电离，然后用电场力将带电的离子加速后喷出，以其反作用力推动火箭。

二、牵手彗星的"罗塞塔号"

2004年3月2日，"阿里安-5号"运载火箭携带"罗塞塔号"，从法属圭亚那库鲁基地升空。

"罗塞塔号"是欧洲航天局组织的无人太空船计划，由罗塞塔探测器及菲莱登陆器两个主元件组成。探测器用罗塞塔石碑命名，希望此任务能帮助解开行星形成前的太阳系的谜。

"罗塞塔号"探测器载有重165千克的仪器，它们将用在分析彗星的物理和化学构成及其电磁和引力等特性。"罗塞塔号"的主要任务是探索46亿年前太阳系的起源之谜，以及彗星是否为地球"提供"生命诞生时所必需的水分和有机物质。

在1986年哈雷彗星来临时，曾有一群国际太空探测器被送去探测彗星系统，其中最重要的是欧洲航天局发射的。在探测器

罗塞塔号

传回大量丰富而有价值的科学资料后，明显地需要增加更多探测器来了解复杂的彗星成分，以及解决新增加的问题。

罗塞塔号

在1992年NASA因预算限制放弃CRAF后，ESA决定自行研发太空船。1993年野心勃勃的样本取回任务对于ESA预算明显地不切实际，所以重新设计任务，最终的任务类似原本已经取消的CRAFT任务：小行星飞越，接着彗星会合及实地调察，包括一个登陆器。

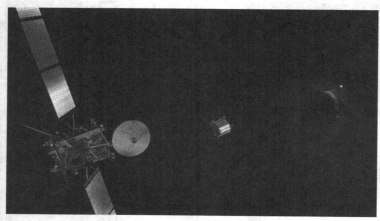

罗塞塔号

两次尝试发射取消后，罗塞塔终于在2004年3月2日发射。2007年2月25日，罗塞塔号安排了一次低高度通过火星远端，在那里它将有15分钟无法接收到任何太阳光，因此不能使用太阳能板。所以太空船因此将进入待命模式，不可能进行通讯，必须靠电池飞行，因此这项火星附近的调动被昵称为"十亿美元的赌博"。幸好，在近20分钟的时间里，"罗塞塔号"成功飞离阴影区，还成功借助引力场改道。此后，"罗塞塔"号成功迎来火星日出。

完成火星飞越的"罗塞塔"号在2007年和2009年两次飞越地球，再次加速，目前任务仍持续进行中。

혜성

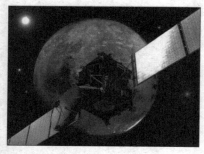

　　"罗塞塔号"经过4次地球或火星引力拉扯后，将大幅提升速度，预计飞行71亿千米后在2014年5月，进入一个非常慢的轨道环绕"楚留莫夫－格拉西门克"彗星轨道并且渐渐降速，之后，"罗塞塔号"将向彗星表面发送"菲莱"号着陆器，以1米/秒速度接近并接触表面，两个鱼叉投射到彗星以避免登陆器弹跳出去。固定在彗星上后，开始在冰盖探测。

　　这将是人类有航天史以来的首次彗星"软着陆"。

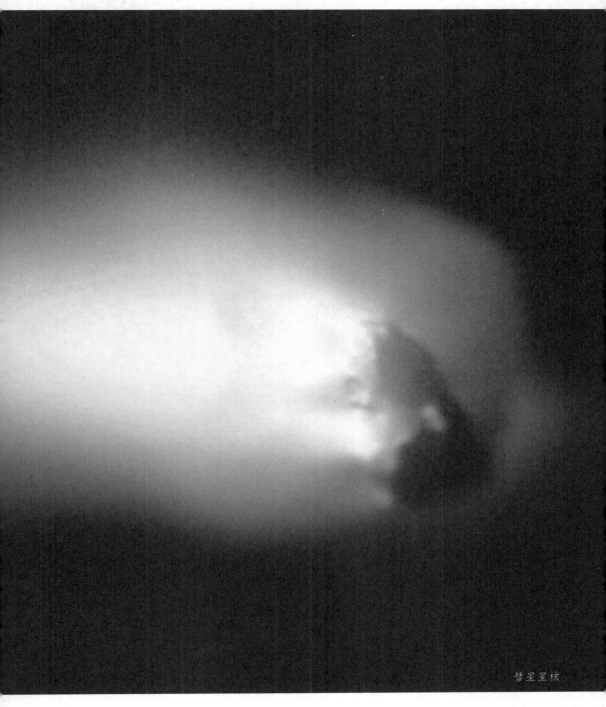

彗星星核

哈雷彗星

彗星

彗星的俗名为"扫帚星"，是一种非常别致而有趣的天体。其实，彗星也是太阳系的一种星体，不过它绕太阳转动的轨道和一般行星不同，行星转动的轨道差不多是正圆形，而彗星转动的轨道则扁长很多，差不多成为椭圆形。

彗星大部分是由稀薄的气体组成。彗星的体积很大，最大的彗星头要比地球大100多万倍。但它是个"虚胖子"，体积虽大，密度极小，体重轻得可怜。

据天文学家研究，彗星是一种不断分裂着的天体，它每绕行一周，就要损失一些物质，时间久了就分崩离析，变成一大堆碎块。如果我们的地球在它附近经过，这些碎块受地球吸引，就会闯进大气层，发生一种十分壮观的天象——"流星雨"。这些分裂后散布在广阔宇宙空间的碎块，在一定的条件下，又会组成新的彗星。

我国历史上对哈雷彗星最早的纪录是在春秋鲁文公十四年（公元前661年）秋七月，从春秋到明朝，这颗哈雷彗星每次出现，我国都有记载，它为天文学的发展作了贡献。

第**5**章
著名的太空
天文探测器

三、飞向冥王星的
"新地平线号"探测器

科学家认为，研究冥王星有助人类加深对太阳系形成的理解。

"新地平线号"是美国国家航空航天局的一项探测计划，主要目的是对冥王星、冥卫一等柯伊伯带天体进行考察。新地平线号将成为人类有史以来最快速的人造飞行物体，它飞越月亮绕地球轨道不用九个小时，到达木星引力区只需13个月时间，新地平线号现在它每小时前进大约4.99万千米，距离地球大约是24.57亿千米。

冥王星

　　"新地平线号"探测器在佛罗里达州卡纳维拉尔角肯尼迪航天中心发射。"新地平线号"计划在2015年年中到达冥王星,行程48亿千米。它的使命还包括研究冥王星的主要卫星冥卫一以及两个最新发现的冥王星卫星。"新地平线号"探测器之后将进入冥王星外的柯伊伯带。柯伊伯带在太阳系外缘,被认为由太阳系形成早期的剩余物质组成。由于"新地平线号"的飞行速度很快,而其所携燃料又不足以供减速和进入环冥王星轨道之用,因此"新地平线号"将在与冥王星及其卫星"亲密接触"后,继续前行并一去不返。

"新地平线号"探测器

　　虽然"新地平线号"在等待2015年7月与冥王星会合的过程中,大部分时间都处在休眠状态,但是飞越木星"唤醒"了它。它在飞越过程中拍到一些图片。与轨道飞行器不一样,"新地平线号"

克莱德·汤博

飞行器不一样,"新地平线号"在2015年7月14日前后靠近和飞越冥王星的过程中,会遵循为期9天的活动周期。在这段时间里,探测器将收集45亿字节数据,在数月时间里,它每天都要用4个半小时,把收集的数据传回地球。"新地平线号"完成主要任务后,将远离太阳,循着早期的"先驱者号"和"旅行者号"的足迹前进,飞往离我们更远的地方。以前的飞船携带的是录音带，"新地平线号"带的是刻着45万名支持者名字的DVD和克莱德·汤博的骨灰。汤博在1930年发现了冥王星。

这次"新地平线号"探测器的升空，肩负着7个重要而艰难的任务，如果这些任务可以顺利的完成，不仅会对人类航天事业做出巨大的贡献，还能帮助我们揭示宇宙中的秘密。

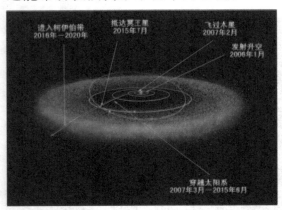

"新地平线号"探测器

"新地平线号"探测器的第一个任务就是获得高清晰度彩色地图，并通过探测器所携带的设备分析冥王星及其冥卫一表面成分。这个设备主要由多谱线可见光成像相机和线性标准成像光谱阵列组成。MVIC在可见光范围内工作，它有四个不同的滤光器。一个用来测量分布在表面的甲烷霜，其它的分别覆盖蓝、红和近红外等光谱区域。此外，还有两个全色滤光器，当测量发微光的遥远物体时，可让所有可见光通过，从而最大限度地增加仪器的敏感性。从滤光器穿过的光线均被聚焦到一个电偶合器件上。通过该相机可产生彩色地图。

这一设备利用热辐射在红外光谱范围内工作，它可像棱镜一样使不同波长的光按不同比率弯曲，这样就可以分别对每种光进行分析。根据量子物理，不同分子辐射和吸收不同波长的光，因此，对光的成分进行分析，就可以鉴别不同的分子。它将用在描绘冥王星表面甲烷霜、氮、一氧化碳、水及冥卫一表面水冰的分布情况。

"新地平线号"探测器的第二个任务是利用探测器中的放射性实验仪器测量冥王星本身微弱的电磁辐射。放射性实验仪器是由一小块集成到探测器通信系统中的含先进电子设备的印刷线路板构成，探测器向地球传输科学数据等所有电信联系均通过它来完成，对探测任务能否成功关系重大。当探测器飞临冥王星时，它上面的83英寸的无线电天线将指向地球。美国宇航局功能强大的深空网络无线电发射机同时对准新视野探测器并向其发出信号。当探测器飞到冥王星背面，冥王星大气将使无线电波产生弯曲，弯曲程度依气体分子的平均重量和大气温度而定。此时，这台仪器将记录到的无线电波数据发送回地球进行分析。当这种辐射线测定在探测器飞过冥王星后回望时，可准确测定冥王星的夜间温度。

"新地平线号"探测器

"新地平线号"探测器的第三个任务是要通过紫外线成像光谱仪探测冥王星大气的构成。这个光谱仪器不仅可以像棱镜一样将不同组分发出的光分别开来，而且能形成不同波长探测物的影像。

"新地平线号"探测器的第四个任务是利用一个20.8厘米孔径望远镜组成远程勘测成像仪，能将可见光汇聚到电偶合器件上，产生高空间分辨率图像。拍摄冥王星的高解析度图像。

"新地平线号"探测器的第五个任务是使用太阳风分析仪，测量冥王星附近来自太阳风的带电粒子，以决定这颗行星是否有磁场圈及其大气逃逸速度。

　　"新地平线号"探测器的第六个任务是利用高能粒子频谱仪，寻找从冥王星大气中逃逸的中性原子。这些原子逃逸后即与太阳风作用变为带电粒子。

　　"新地平线号"探测器的第七个任务是利用尘埃计数器沿轨道测量由彗星脱落物和柯伊伯带天体相互碰撞产生的尘埃粒子大小，其中包括从未取样的星际空间。这些仪器将在"新地平线号"飞临冥王星的过程中，为这颗遥远的星球描绘出一幅全新的图像。

第**5**章
著名的太空
天文探测器

四、捕捉土星闪电——"卡西尼"探测器

1997年，美国宇航局成功发射"卡西尼"号太空探测器。"卡西尼"是"卡西尼–惠更斯号"的一个组成部分，主要任务是对土星系进行空间探测。

2004年，这颗探测器抵达土星上空，开始执行对土星的探测任务。2010年，"卡西尼号"太空探测器拍摄到土星闪电图像，科学家根据图像素材，首次制得有关土星闪电的视频。

"卡西尼"探测器用了数年时间，才拍摄到土星闪电的壮观景象。"卡西尼"是在土星暗面的一块云团中拍摄到土星闪电的。科学家利用这些素材制作出记录土星闪电的视频片段。科学家还对"卡西尼"记录的土星发生闪电时的真实声音进行合成，作为视频片段的配音。

"卡西尼"电波和等离子波科学小组太空任务科学家乔治·菲舍尔说："这是我们首次同时观测到闪电并得到无线电数据。结合无线电和可见光数据，我们确定土星上有强大的闪电发生。"

"卡西尼"号穿越土星光环

这段视频的图像素材是在16分钟内拍摄的。科学家将这些图像素材压缩成时长10秒钟的视频。视频中的云团被土星光环反射的光照亮。每次闪电大约长达300千米，而释放的能量堪比地球上最强的闪电。实际上，每次闪电的时间约1秒钟。

土星光环

科学家在数年前就已经获得无线电信号，表明土星上存在闪电现象。不过这次是科学家首次既看到又"听见"土星的电闪雷鸣。视频片段使得人们可以更逼真地看到土星闪电。

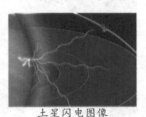

土星闪电图像

知识卡片 土星

土星

土星古称镇星或填星，是太阳系九大行星之一，由近到远距离太阳在第六位、体积则仅次于比木星。并与木星、天王星及海王星同属气体（类木）巨星。土星赤道直径约120 660千米，为地球的9.46倍，两极直径大约108 000千米。它的表面也是液态氢和氦的海洋，上面覆盖的厚厚云层是狂风造成的。土星的光环在太阳系的行星中非常惹人注目。观测表明构成光环的物质是碎冰块、岩石块、尘埃、颗粒等。

五、捕捉宇宙最古老的光芒——"普朗克"探测器

　　2009年一个秋日的下午，著名的"普朗克"探测器在南美洲被送上太空。在距离它150万千米的地球上，数千名科学家都在等待着它带回的信息。

2010年7月5日，意大利都灵欧洲科学开放论坛上，欧洲航天局发布由普朗克拍摄的首张整个宇宙全景图。

这张迄今为止最清晰的宇宙地图赢得了来自世界各国的科学家和民众最热烈的掌声。第二天，这张图片就占据了欧洲各大报纸的版面。这是全球上千名科学家，近20年努力的结果。它有可能解答困扰天体物理学界整整一代人的问题。

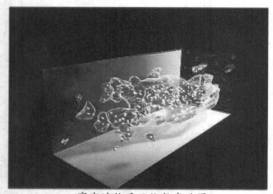
宇宙暗物质三维数字地图

探测器的命名是为了纪念对天体物理学界意义非凡的量子物理学奠基人马克斯普朗克。

普朗克探测器收集的是这个宇宙间最美丽的元素——"宇宙中最古老的光"——尘埃云。尘埃云是星际空间中密集在一起的气体尘埃。虽然这些尘埃和气体很厚，它们的数量之大足够形成恒星或行星。那段极其灿烂的银链也正是银河所处的位置。

普朗克只能记录长波光，因此并不能像人们抬头望向天空时那样看到恒星的光芒。

研究者对两个光芒黯淡的区域更感兴趣，它们位于地图的最上方和最下方，铁红色背景中洒着一些橙色斑点，这就是著名的宇宙微波背景辐射，即这个宇宙最古老的光。

尘埃云

　　"那一缕光究竟有多古老，你简直难以想象。"一位天文学专业人士发出这样的惊叹。

　　以太阳为例，它与地球有着1．5亿千米的距离。光如果是这个时空中跑得最快的田径高手，由太阳到地球仍需要8分20秒。因此，地球上的人类只能看到8分多钟以前的太阳。

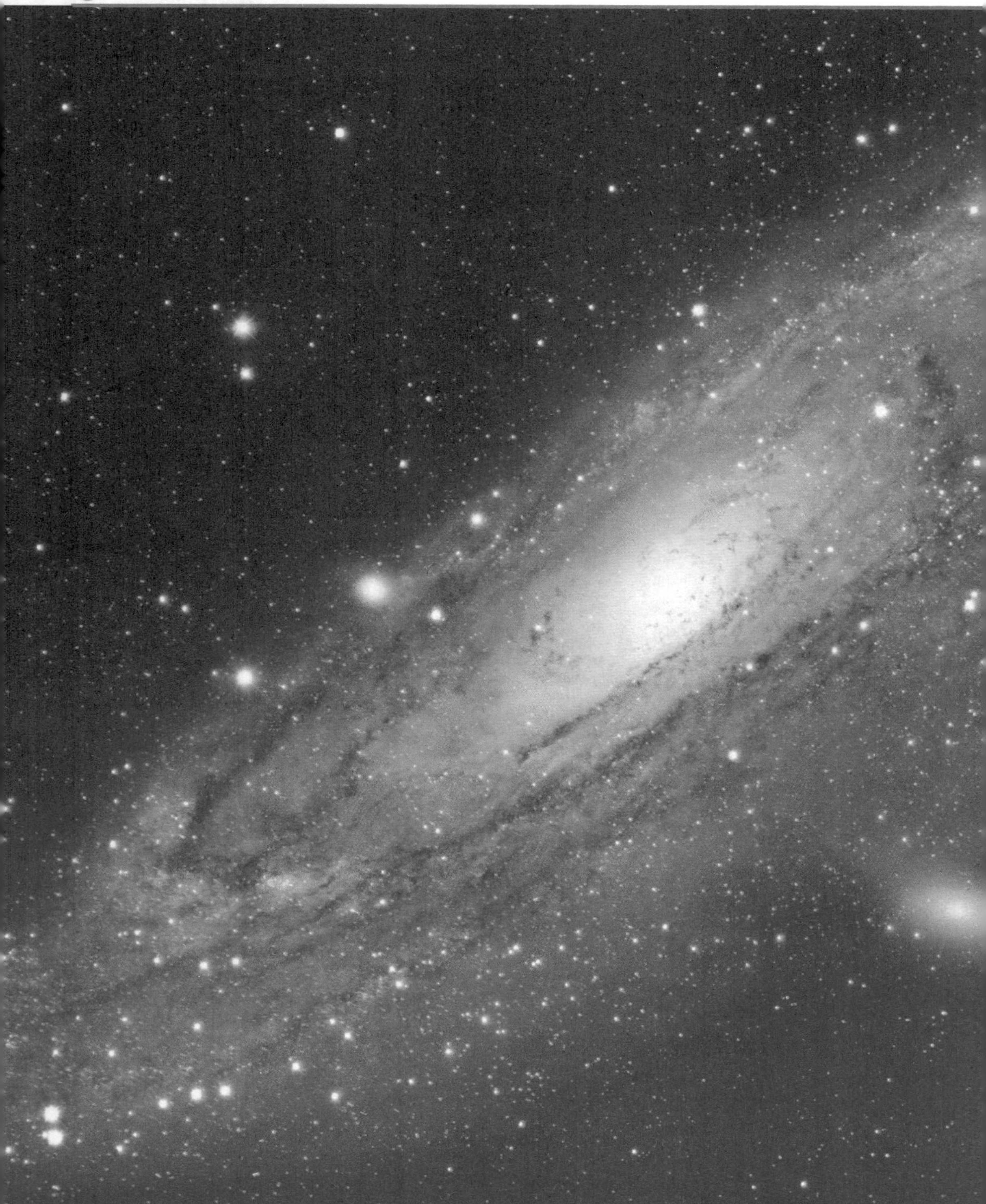

闪亮的银河

可这远远比不上来自接近137亿年前的"最古老的光"。

让科学家们感到痴迷的，并不是宇宙微波背景辐射的出生年份，而是这些微弱的光芒可能帮助人们寻找解释宇宙起源和发展最适合的理论，可能找到爱因斯坦预言的引力波，可能发现宇宙有11个维度，还有可能发现平行宇宙。

普朗克探测器仍在遥远的太空独自旅行，捕捉着宇宙中最古老、最微弱的光芒。

1986年1月"旅行者2号"经过对天王星的30多天采访，向地球传回7000多张非常清晰的天王星及其卫星的近照，正式揭开了天王星的真正面貌。

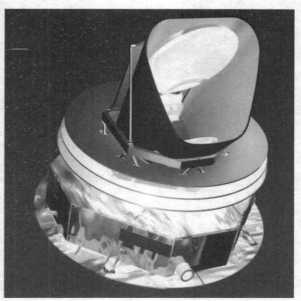

普朗克号飞船

旅行者2号

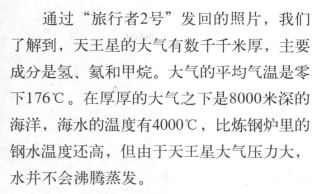

通过"旅行者2号"发回的照片，我们了解到，天王星的大气有数千千米厚，主要成分是氢、氦和甲烷。大气的平均气温是零下176℃。在厚厚的大气之下是8000米深的海洋，海水的温度有4000℃，比炼钢炉里的钢水温度还高，但由于天王星大气压力大，水并不会沸腾蒸发。

过去，天文学家认为天王星的表面也有像木星和土星那样的带状条纹，但不如它们的漂亮。然而，1997年7月28日哈勃太空望远镜拍摄的天王星照片改变了人们这种印象。原来天王星的表面不是平淡无奇的，而是分布着不同温度的云层，在天王星的右边缘可以看到几个橙红色的亮斑，在底部还有一个绿斑，这些不同颜色的亮斑是天王星大气中的云团，每个云团的直径大约都有数千千米。

1977年3月10日证实了天王星环的存在，当天王星从一颗恒星面前通过时，包括我国在内的好几个国家的天文学家意外地发现这颗恒星发出的光在天王星靠近之前和之后几次骤降，并且掩星前后变暗是对称的。这是怎么回事呢？天文学家经过认真分析，找到了原因，原来天王星有一组环，是它们在天王星掩盖住恒星的光之前和之后将星光遮住了。这个消息立即轰动了整个天文界，它打破了只有土星才有光环的垄断局面，被推崇为自1930年发现冥王星以来，地面观测对太阳系天文学作出的首要发现。

 知识卡片

天王星

天王星是人类发明望远镜以后发现的第一颗行星，它的发现使人们认识的太阳系空间扩大了3倍。

天王星到太阳的距离是日地平均距离的19倍。如果想称一称天王星的体重，那么在这架特制的天平另一端要放上14个地球才能平衡。尽管这样，由于天王星离地球非常远，即使用现代最大的望远镜，也只能看到一个淡绿色的小圆面。

天王星

六、火星科学实验室

第5章
著名的太空
天文探测器

　　火星科学实验室，又名："好奇号"火星车。是美国国家航空航天局在2009年火星探测计划的一个组成部分，大小是火星探测漫游者勇气号和机遇号的两倍，重量是其三倍的火星科学实验室。将会采集火星土壤样本和岩芯，然后对它们可以支持现在或过去微生物存在的有机化合物和环境条件进行分析。火星科学实验室将在美国东部时间2011年11月25日10点25分在卡纳维拉尔角空军基地发射。

　　"好奇号"是美国国家航空暨太空总署探测车计划，预计在2012年秋与火星进行精准登陆。这辆探测车比起之前其它火星任务，将携带更多先进科学仪器。火星科学实验室将由"擎天神五号"541型火箭发射。一旦着陆，"好奇号"将会分析数十个样本，从泥土挖出、从岩石中钻取粉末。 预计将运作至少一个火星年，比起之前任何火星探测车还要探测更广大的区域。 它将调查火星以前或现在维持生命的可能性。

好奇号火星实验室

火星科学实验室

"火星科学实验室"的非正式名称为"好奇号",它预计将在感恩节后发射升空,并在明年8月驶抵火星,在盖尔陨坑比较平坦的地方着陆。这一地区的沉积物可能是由很久以前流动的水体带到这里来的。在为期两年的任务期间,这辆火星车在往山上爬时,会经过不同的地质层。尤其是"火星科学实验室"还会查看露出地面的粘土和硫酸盐,这些矿物是在有水存在的环境下形成的。如果两年后该车继续运行,它将接着爬山,以便研究更多岩石。"火星科学实验室"比美国宇航局的前两辆火星车——"勇气号"和"机遇号"更大、更重。这两辆由太阳能提供动力的火星车不同,而"好奇号"将从

4.54千克钚衰变产生的热量获得电能。因此这辆车更不容易受到火星上的气候变化和尘暴(会遮挡阳光)的影响。除此以外,这辆车还能携带更多先进仪器,例如用来蒸发岩石的雷达和用来确定蒸发气体构成元素的机器。

火星岩石

火星岩石

"火星科学实验室"由于技术问题，它的发射时间被一再推迟。为了在合适的时间发射升空，美国宇航局只得等待火星和地球的轨道位置再次排列成行。

 火星科学实验室

它是美国宇航局的下一代火星车。火星科学实验室的科学目标包括：查找有机分子，进一步研究这颗红色行星的地质史，刻画轰击火星表面的放射物的特征；计算这颗行星上的水和二氧化碳量。

第5章 著名的太空天文探测器

七、太空使者——"旅行者1号"

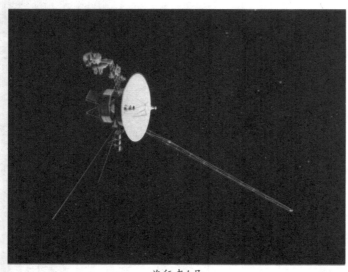

旅行者1号

它曾到访过木星及土星，是离地球最远的人造飞行器，不久将真正意义上飞出太阳系，成为首个进入恒星际空间的太空探测器。

"旅行者1号"是1977年升空的一对孪生探测器的其中之一。1977年8月，NASA先后发射了"旅行者2号"和1号探测器，将先后对木星、土星、天王星和海王星进行考察。这两艘飞船都采用了核动力。在相继完成行星探测任务后，"旅行者1号"飞船继续向北飞行，而"旅行者2号"则向偏南方向飞行，它们将分别从太阳系平面上下两侧穿越恒星际边界。

"旅行者1号"探测器在经过长达33年的长途跋涉，飞行约合177亿千米之后，目前飞船的速度高达每小时61155千米，已经接近太阳系边缘。"旅行者1号"将在未来四年内穿过太阳系边界，完全脱离太阳系，首次进入恒星际空间。

据科学家观察，太阳系是一个椭球体。在"旅行者1号"探测器行进的方向上， 太阳系的半径有近200亿千米。

土星环

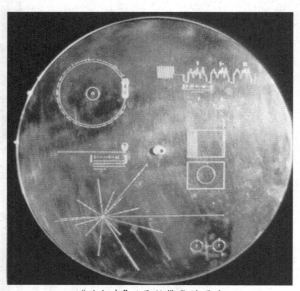

"旅行者"1号所携带的唱片

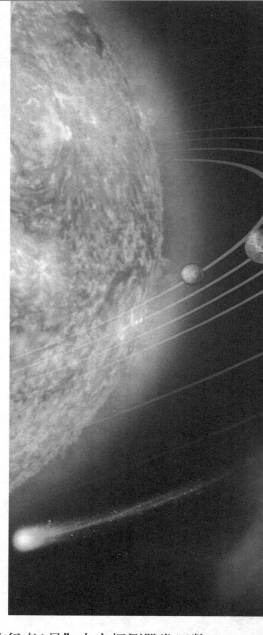

　　关于太阳系的边界，天文界一直有非常大的争议，而"旅行者1号"目前的位置及其提供的数据可以为"太阳系边界其实就是行星系边界"的说法提供科学的数据，给太阳系边界以更准确的定义。目前，对"旅行者1号"所处位置的测量显示，这一地点的太阳风粒子速度几乎接近静止。科学家们认为太阳风粒子速度几乎接近静止，这就意味着这里是一个边界区域，因为太阳风粒子在此已经遭遇到了宇宙恒星际空间的更强大粒子流的阻击。

　　2010年12月，美国国家航空航天局"旅行者1号"太空探测器发回数据显示，探测器进入一个朝太阳系外方向太阳风风速为零的区域，意味着探测器朝着太阳系边缘又迈进一步。研究人员推算，"旅行者1号"4年后可完全脱离太阳系，进入星际空间。

太阳系

　　"旅行者"项目科学家埃德·斯通确认："太阳风已经偏转，'旅行者1号'接近星际空间。"

　　研究人员今年6月发现探测器周围太阳风风速减为零，当时探测器距太阳约170亿千米。研究人员未立即下定论，而是继续观察4个多月，最终确信探测器周围指向太阳系外方向的太阳风速率的确已减为零。

测算太阳风速率的方法是，探测器在飞行过程中，测定撞击探测器的带电粒子速率，由相对速度推断太阳风绝对速率。当测算到的相对速度等于探测器飞行速度时，表明太阳风带电粒子在探测器飞行方向上处于静止状态。

探测器一直向太阳系边缘方向飞行。现有数据结果显示，2007年8月时，探测器周围太阳风速度为每小时21万千米，后来每年大约放慢7.2万千米，自今年6月开始在探测器飞行方向上保持为零。

按美国航天局说法，探测器进入这个区域是"旅行者1号"离开太阳系过程的一个重要里程。研究人员相信，"旅行者1号"仍未进入星际空间，按现阶段估计，完全脱离太阳系大约在4年后。

研究人员会用模型计算最新数据，更准确地推断"旅行者1号"告别太阳系的时间点。

探测器一旦飞离太阳系，它周围的热粒子密度会急剧下降，冷粒子密度迅速增加。"旅行者"项目另外一名科学家罗布·德克尔对"旅行者1号"在飞行33年后进入太阳风速度为零区域感到惊奇："'旅行者'连续运行33年，仍在向我们提供全新情况。"

"旅行者"项目科学家斯通告诉英国广播公司记者："发射

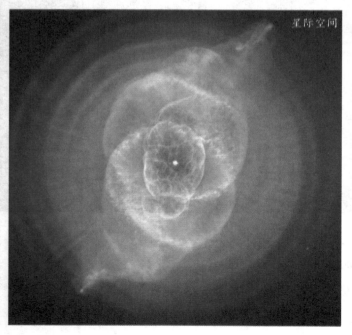

星际空间

'旅行者'时，(美国)航天时代的历史只有20年，并不知道航天器能持续运转这么久。""旅行者1号"1977年9月5日升空，"旅行者2号"比它早数日启程。

脱离地球进入太空后，"旅行者1号"时速6.1万千米，"旅行者2号"时速5.6万千米，两者飞行方向相反。

美国航天局送两个"旅行者"上天的最初目标是探测木星、土星、天王星和海王星。1989年两个探测器完成既定目标后，继续借助同位素温差发电机作为动力来源，向太阳系边缘探测，并定期向地球发回数据。随着越来越远离地球，数据回传时间越来越长，现阶段数据回传大约需要16个小时。

这两个探测器各自携带了一张铜质的镀金唱片，唱片中刻着反映地球生命和文化的图像和声音，除此之外，还收录了用地球上55种语言念读的问候语，为"旅行者"号宇宙飞船在旅行途中可能遇到的其他生命做准备。

知识卡片

太空站

太空站其实跟人造卫星一样，都是由运载火箭送上太空的，而且，两者都是在距离地球大约500千米的低轨道上进行运转的。

一般来讲，太空站大多是采用框架状结构，它可以把各个太空舱像搭积木一样，随意的结合在一起。风翼一般采用的是太阳电池板，以此来接受太阳能，并将它们转化成太空站运转所需要的。

太空站

图书在版编目（CIP）数据

图说神秘的太空天文探测器 ／ 左玉河，李书源主编．—— 长
春：吉林出版集团有限责任公司，2012.4（2021.5重印）
（中华青少年科学文化博览丛书 ／ 李营主编．科学技术卷）

ISBN 978-7-5463-8881-6-03

Ⅰ．①图… Ⅱ．①左… ②李… Ⅲ．①航天探测器-青年读
物②航天探测器-少年读物 Ⅳ．① V476.4-49

中国版本图书馆 CIP 数据核字（2012）第 053597 号

图说神秘的太空天文探测器

作　　者／左玉河　李书源
责任编辑／张西琳　王　博
开　　本／710mm×1000 mm　1/16
印　　张／10
字　　数／150千字
版　　次／2012年4月第1版
印　　次／2021年5月第4次

出　　版／吉林出版集团股份有限公司（长春市福祉大路5788号龙腾国际A座）
发　　行／吉林音像出版社有限责任公司
地　　址／长春市福祉大路5788号龙腾国际A座13楼　　邮编：130117
印　　刷／三河市华晨印务有限公司

ISBN 978-7-5463-8881-6-03　　　　定价／39.80元